好好爱世界
就是好好爱自己

静　静／著

中华工商联合出版社

图书在版编目(CIP)数据

好好爱世界就是好好爱自己 / 静静著. -- 北京 :
中华工商联合出版社，2016.1
ISBN 978-7-5158-1625-8

Ⅰ. ①好… Ⅱ. ①静… Ⅲ. ①成功心理-通俗读物
Ⅳ. ①B848.4-49

中国版本图书馆 CIP 数据核字(2016)第 054154 号

好好爱世界就是好好爱自己

作　　者：静　静
责任编辑：吕　莺　张淑娟
封面设计：周　源
责任审读：李　征
责任印制：迈致红
出版发行：中华工商联合出版社有限责任公司
印　　刷：三河市宏盛印务有限公司
版　　次：2016 年 6 月第 1 版
印　　次：2016 年 6 月第 1 次印刷
开　　本：710mm×1020mm　1/16
字　　数：198 千字
印　　张：13.25
书　　号：ISBN 978-7-5158-1625-8
定　　价：35.00 元

服务热线：010-58301130
销售热线：010-58302813
地址邮编：北京市西城区西环广场 A 座
19-20 层，100044
http：//www.chgslcbs.cn
E-mail：cicap1202@sina.com（营销中心）
E-mail：gslzbs@sina.com（总编室）

前　言

《爱的能力》一书的作者艾伦·弗罗姆说过：“生活给予我最重要的教益是什么？我觉得这个问题很难回答。经过一番深思，我深感是‘爱’”。

爱是希望和耐心，爱是幸福之源。爱换来爱，爱让希望添上翅膀，使内心永远充满活力。

爱即仁慈、宽厚；爱即坦率、真诚。一切美好的事物都源于爱。爱是光明的使者，是幸福的引路人。爱是“照耀在茫茫草原上的一轮红日，是百花丛中的绚丽阳光”。

爱是无价的，不能以物质财富的价值多少来衡量。

一个心中有爱的人，幸福总会伴随着他，因为爱与幸福是不可分割的。有爱，痛苦会化为幸福，伤心的泪水，也会化作甘泉。

一个人，有了爱心，就是迈出了成为一个优秀的人的第一步。即使能力平平，也能以爱心获得成功；相反，一个人如果没有爱心，即使博学多识，生活也不见得幸福快乐。所以，我们要用爱来迎接我们生活的世界。对一切满怀爱心，这样才能获得快乐。

本书通过大量通俗睿智的思想和富有哲理、启人心智的故事，从生活、职场、处世等方面告诉读者如何获得自信、宽容、成功和快乐的心态，使读者在轻松的阅读中得到有益的启迪，更完整、更深刻、更现实地理解和把握人生；学会用爱从容地面对生活中的各种问题；学会用爱更开朗、更明智、更豁达、更和谐地处理各种人际关系；学会用爱更从容、更潇洒、更自信、更得体地纵横于人生的博弈场；开创更精彩、更丰富、更快乐、更幸福的人生。

目　录

♡ 热爱生活，保持乐观

爱的力量可以支配一切，改变一切

♡ 爱与财富、成功和幸福是不可分割的

一个人给予别人的爱越多，他人回报的爱就越多；给人的幸福和快乐越多，他自己得到的幸福和快乐也就越多；反之，就越少。

有这样一个寓言故事：

有位妇人走到屋外，看见前院中坐着三位有着长白胡须的老人。

她并不认识他们。

于是她说："我想我并不认识你们，不过你们应该饿了，请进来吃点东西吧。"

"家里的男主人在吗?"老人们问。

"不在，"妇人说，"他出去了。"

"那我们不能进去。"老人们回答说。

傍晚，当她的丈夫回家后，妇人告诉了丈夫事情的经过。

“去告诉他们我在家里了，邀请他们进来吧！”

妇人走出去邀请三位老人进屋。

“我们不可以一起进去。”老人们回答说。

“为什么呢？”妇人问。

一位老人解释说：“因为我们各有使命，他的名字叫财富，他的名字叫成功，而我叫爱。”接着这位老人又补充说：“你现在进去跟你丈夫讨论看看，要邀请我们其中的哪一位到你们的家里。”

妇人虽然很奇怪，但没有多问，只进去告诉了她丈夫刚刚与老人们谈话的内容。

她丈夫非常高兴地说：“原来是这么一回事啊！让我们邀请财富进来吧！”

妇人说道：“亲爱的，我们何不邀请成功进来呢？”

她丈夫想了想说：“我们还是邀请爱进来吧，没有了爱，成功和财富都没用。”

妇人同意了，到屋外向那三位老者说：“我们想要请爱先进来！”

爱朝屋子走来，另外两个老者也跟着他一起走进屋来。

妇人惊讶地问财富和成功两位老人：“我只邀请了爱，怎么连你们也一道来了呢？”

财富和成功齐声回答：“如果你邀请的是我们俩之中任何一

人，那我们三人都不会一齐进来，但你如果邀请爱的话，那么无论爱走到哪里，我们都会跟他在一起的。因为哪里有爱，哪里就有我们。”

这个寓言小故事很有启发意义。爱是什么？爱对人又有多大益处？人世间正是因为有了爱，人与人之间才能和谐相处，互相帮助。如果缺乏爱或缺少了爱，人与人相处就不会有热情和相互帮助，人与人的沟通也会有许多障碍，甚至友情、亲情都不会产生。

♡ 被人爱的感觉能提高生命的活力

如果你觉得自己被人爱，你是否会觉得提高了自己生命的活力？

心理学证明，很多人，不论男女，如果感觉自己没有被他人“爱”，便会觉得自己不够受重视，生活中缺少温情，生命的活力也不高。

温暖的爱会给人生带来诸多活力。在爱中，每个人都会表现得幸福、快乐，又会自然而然地奉献自己的爱给别人；由于这种相互付出的爱，每个人都会觉得世界很美好。

哲学家艾伦·弗罗姆说：“彼此真正关怀的爱是真正的幸福的最重要的因素之一，它不仅是彼此幸福的手段，也是共同幸福的结合点。”

的确，一个人无论他在事业上的成就有多大，如果他把自己封闭在自我之中而不去发展人与人彼此相互关怀的爱，那么，他便失去了生活真正的快乐。

有些人，不懂得爱，将爱排斥于自身之外；还有些人，不会爱，因心胸狭窄产生某种愤怒或对他人的仇恨；还有些人，遭遇了某些不幸，便不再相信爱，于是认为世界很黑暗。

生活中，由于不公正待遇，或遭受其他迫害等原因，便自暴自弃，也是许多人不懂如何去爱自己的表现之一。还有另外一些人，过分膨胀、自以为是，看不起他人，也不可能拥有真正的爱。

艾伦·弗罗姆认为：“仅仅接受别人的爱是不够的，还应该把接收到的爱释放出去，给予别人爱。只有当这二者平等时，爱才能发挥它最佳的作用。”

所以，为了让我们生活得更幸福，让我们在接受爱、享受爱的同时无私地付出爱，同时，好好爱世界吧，这样才能将爱的种子撒向人间，大家都生活得和谐快乐。

♡ 努力去发现世间的美好，用行动去表达爱

《圣经》中说：“生活中没有了爱，便失去了意义。”这里的“爱”，意味着“付出”和“奉献”。

有一个例子。

两个人如果共处一个场合，同被风雪所困，这两人会有什么态度呢？

——一个努力求生，一个等着风雪吞没自己。这是为什么呢？

原来，如果人觉得生活是美好的，世界是美好的，生命是美好的，就会积极求生，反之，就会消极等着风雪吞没自己。

现实生活中，很多人把爱挂在嘴边，但却不是知如何把握好这个“爱”字。

有一次，安东尼·罗宾乘飞机时坐在一个大学生旁边。那个大

学生看上去似乎无所不知，可是在和罗宾的交谈中，他每句话都带着个“我”字。

最后，罗宾实在忍不住了。他说：“你知道在这五百英里的空中旅程中，你讲了多少次‘我’吗？为什么不谈谈‘我们’呢？”

和这个人形成鲜明对比的，是罗宾在芝加哥机场遇到的另一个人。

当时，大雪漫天，罗宾和很多人被困在那里已有两天了。有的人不停地叫：“我要离开这里！我要回家！”然而，就在这群人中间有一位妇女，她挨个走到带孩子的母亲面前说：“来，把孩子交给我吧！我要搞个幼儿园，给孩子讲些有趣的故事，您可以借这个机会喝口水、上趟厕所或是买些东西吃。”

这位妇女的行动给罗宾留下了深刻的印象。罗宾被这位妇女无私的爱感动了。

在美国，父母对孩子爱的教育启蒙很早，“爱”被作为一种神圣精神常在人们口中谈起。有一些小孩子常会问父母：“你们总是讲要为他人做些什么，这到底是什么意思呢？”父母会笑着说：“为他人做事就是付出自己的爱。”

有一次，一个叫吉尔的男孩子问老师：“我可以为什么人做些什么事吗？”老师把他带到离南加州大学不远的一个疗养院。面对那些躺在床上、两眼直视天花板的病人们，吉尔说：“我对老年医学一无所知，到这里能做些什么？”

老师对他讲：“你看见那边有位老太太吗？走过去对她说‘你好吗’！”

吉尔走到那位老太太处，坐下来和她聊天。吉尔惊讶地发现，老太太的学识是那样渊博，思想是那样高尚。她对生活、对爱、对于痛苦和不幸谈起来滔滔不绝，有那么高深的见解，她甚至还谈到怎样努力以平静的心情去迎接死亡的来临。

从此以后，吉尔常到这家疗养院来，向那位老太太及疗养院的其他人伸出了友爱的手，他们之间不断发生着感人的故事。

有一天，吉尔的老师看见吉尔带着三十多个老人从校园里走过——原来，吉尔带他们走出疗养院，到学校来看足球比赛了。

是的，如果给爱下一个定义的话，唯一能够概括其全部含义的词就是愉快的生活。人们寻找幸福生活本身不是一个目标，而只是走向这个目标的过程，但如果每一步都付出了爱，这就意味着你过上了有意义的生活。

看看你的周围吧，有什么可做的呢。在你身旁，是否有一个孤独的人，需要得到爱的温暖；是否有个态度不好的女售货员，需要你的引导和鼓励。有些事，不需要做得惊天动地，有些话，不用承诺什么，微笑也是一种爱。

所以，如果你不肯去付出行动表达你的爱心，长此以往，你就会失去爱的能力，你也很难得到别人的爱和生活的馈赠。自私自利的人永远无法感受到生活的美好，所以，请加倍珍视爱的权利，用行动去表达我们心中的那份爱吧！

♡ 要真正地感受和表达感恩之情

懂得感恩是一种爱心的表现。一个人，如果爱自己，就会懂得付出，就会爱这个世界。

感恩有很多种形式；处处可以发现值得感恩的人和事，甚至物。比如，各行各业的人努力工作，我们才有一切衣食器具与避风寒的屋宇，天下各种动物、植物、矿物的生存，能提供我们维持生命和享受生命的资源。

在生命中的每一刻，我们都要去感恩。我们要感谢父母的养育之恩，感谢老师的教育之恩，感谢朋友的关怀之恩，感谢我们赖以生存的环境：阳光、大地、空气和水，甚至还要感谢所有使我们坚强并取得成就的人，我们还要感谢所有伤害过我们的人，是他们使我们变得更加成熟；感谢欺骗过我们的人，是他们让我们增加了见识，提高了心智；感谢批评、指导过我们的人，是他们增长了我们的智慧。感恩会让我们心中的太阳越来越明亮，所以，我们要以感恩的心来面对每一个人、每一件事，这样，我们将活得愈来愈快乐、越来愈自由！

1860 年的一个暴风雨的夜晚，埃尔金圣母号轮船和一艘运木头的货船相撞，沉没了。船上的 393 名乘客掉入了密歇根湖。这些人中，有 279 人被淹死了。

爱德华·斯宾塞是一名大学生，他一次又一次地跳进水中，营救落水乘客。当他从水中救出第 17 个人时，精疲力尽地摔倒了，从此再也没有能够站起来。在后半生里，他只能靠轮椅生活了。后来，据芝加哥的一家报纸报道，几年后，有人问他对于那个发生了重大灾难的夜晚他感触最深的是什么时，他说：“我感触最深的，就是那 17 个人从来没有向我表示过感谢！”

有人可能会说，我不容易产生感激之情。但是，如果你总不感激他人的帮助，时间久了，别人就会失去帮助的热情，人与人之间就会越来越冷漠。

当然，感激之情不是自动就会来到，而是需要经过我们不断培养起来的。换言之，就是在我们的生活中，不能只想自己，不想他人；只希望他人帮助自己，而自己不愿意对他人去付出；在奋斗过程中，不能只顾埋头拉车，更要“抬头看路”。要在每个月花上一两天的时间想想自己想要的东西是什么？在我们得到自己想要的东西后，我们是否具备了真诚的感恩之心。

一个人如果做到了感恩，获得的爱心就会越来越多。但如果把感恩置之脑后，那自己的生活就会越来越封闭。

许多人从没有真正感受过他人对自己的感恩或是表露过对他人的感激之情。以写《达到经济自由的9个步骤》一书而成名并致富的奥曼说："我买得起劳力士手表和名牌服饰，开得起豪华跑车，也能够到私人小岛去度假，但我却没有安全感，甚至有好友在旁时，我仍然感到寂寞。"

奥曼说："我已经比我梦想的还要富裕，可是我还时常感到悲伤、空虚和茫然。钱财居然不等于快乐！我真的不知道能有什么东西给我带来快乐。"后来，奥曼总结道，是缺乏感恩让她变得孤独、寂寞。

像奥曼那样，为钱奋斗了大半辈子才悟出"有钱不一定快乐"的道理的人不在少数。的确，感恩之心是快乐的关键秘诀。

普拉格在《快乐是严肃的题目》一书中曾引述了一个观点，人之所以不快乐，就是因为人本身出了问题，人只要把有问题的部分"修理"好就行了。根据他的说法，不知感恩是造成很多人不快乐的一大原因。特别是在布施礼物的"快乐假期"一节里，他提醒做父母的应该好好教导孩子知道感恩与满足。他认为：“如果我们给孩子太多，让他们期望越来越大，就等于把他们快乐的能力给剥夺了。”他还认为，做父母、做长辈的有责任从小要求孩子们学会从心里对人说“谢谢”。

所以，我们要懂得感恩和知足，只有这样，我们才能感受到爱，才能努力去奉献爱，我们的生活也才会真正快乐起来。

♡ 让生活充满激情、充满爱

西方有句话："爱的力量可以支配一切，改变一切。"生活也告诉我们，懂得爱的人才能得到别人的爱。

约翰·肯尼迪竞选参议员时，有一天坐车到波士顿。他看到一位老妇人准备独自过街，就叫司机停车，他亲自下车向她作自我介绍，又亲切地牵着她的手把她送过街。

有人问他说："你真想囊括全部的选票吗？"

肯尼迪回答说："选战如此激烈，要是以一票之差落选，然后回想，因懒得下车去帮助某个人，你会觉得是什么滋味？"

肯尼迪帮助这位老妇人固然是出于多拉选票的功利目的，但是，如果他心中没有温暖的爱心，也很难做出如此举动，或许，他最终竞选总统成功正是有赖于他所具有的爱心。

人是渺小的，但爱的力量却是巨大的，巨大到可以支配一切，改变一切。爱能够使苦变甜，使忧变乐，使无为变有为，使弱者敢于藐视强者，使孤独者乐于拥抱世界。

有爱心的人是有福气的，因为他们的生活是有激情的，他们的心灵是有所寄托的，他们的所作所为都是“自己愿意的”的，都是发自肺腑的，都是愉快的。

本杰明·J. 斯泰因有篇文章《就试这么一天》，不仅可供我们借鉴，而且能够让我们懂得让生活充满激情、充满爱有多么重要。

如果你出门去上班，不知这一天怎么过时，先别担忧。下定决心，采用一种全新的心态去待人处事，就试这么一天。积极乐观一点，你也许会使自己的所作所为有所改观。

就试这么一天，对同事尽量友善，把他们当作恩人来看待，好像你能留在这个岗位上工作全该归功于他们，因此幸亏有他们做同事。

就试这么一天，不再吹毛求疵，挑剔别人。设法找出每一件事物的优点，并且找出每一个跟你一起工作的人值得称赞的优点。

就试这么一天，如果要纠正别人，就尽量以幽默示之，不要出言伤人；要设身处地，就像要被纠正的人是自己。

就试这么一天，不要求自己所做的事都尽善尽美，也不再尝试打破纪录。称职地做好眼前的工作，不强自己所难。

就试这么一天，如果自己对工作胜任有余，那就不再不停地反躬自问：我的表现跟职位和薪酬是否相称？

就试这么一天，要心存感激，庆幸自己活在这个社会和时代，无须在恶劣环境下做劳累讨厌的工作，为能在自由国度里工作而感恩不尽："在这个国家里没有人强迫我工作。"

就试这么一天，为自己有工作做、日子过得很好而满心欣喜，庆幸自己不是在战壕里躲避枪弹，或是在医院里等待手术。

就试这么一天，不去预期别人会如何对待你，不拿自己的薪酬地位跟别人比较——就因为你是你，所以你很高兴。

就试这么一天，不去计较事情"对我有什么好处"，只想到在每件事情上你能帮得了什么忙。

就试这么一天，下班后不再想今天做了些什么，还有什么没有做。反之，盼望傍晚到来，不管完成了什么都感到欣慰。

本杰明·J. 斯泰因这篇文章写得通俗易懂，建议和想法都不复杂，试着练习，你会发现，它们的好处是可以令你活得更有意义、更快乐。当然，最重要的是，它们能使你心态平和，而这正是人生最珍贵的财富。所以，如果你觉得自己的爱心和激情还不够的话，就按上述建议去实践实践吧！

♡ 什么样的人才是充满爱心的人

在生活中可以见到这样一种人，他们总是讲：“我心中充满了爱，我对爱笃信不移。”可是，当他们在餐厅就餐吩咐服务生提供服务的时候，态度却是那样地蛮横；他们在请求别人帮助的时候也毫不客气，而在自己帮助他人的时候计较来计较去，患得患失。这样的人怎么会让人相信他们的内心“充满爱”呢？

那么，到底什么样的人才算得上是充满爱心的人呢？生活中那些让人们感到亲切而温暖的人，他们的人性到底散发着怎样的光辉呢？如果我们也想成为充满爱心的人，应该怎样做呢？

以下是几条可以借鉴的方法，我们可以试着努力去做一做。

(1)爱自己。

事实上，如果你不爱自己，那你将永远都不会去爱他人。一个人不可能完美无缺，每个人都有一些别人所不具备的优点和长处。

犹太作家爱拉·威索尔这样写道：当我们告别人世去见上

帝时，他不会问："你为什么没有成为救世主？你怎么没有发现解决某某难题的办法？"反而他可能会问："你为什么没成为'你自己'？"

为什么没有成为你自己，这个命题太好了。

有这样一个人，他很乐于助人，他认为帮助别人所带来的那种内心的快乐，是任何财富都无法取代的。当然，不是每个被帮助过的人都知道感恩的——有些人总是薄情寡义，还有些人把他的爱心当作理所当然应该的。终于有一次，当他需要朋友帮助的时候，很多人都找各种借口搪塞他，甚至有些曾经接受了他的帮助的人，不仅不帮他，还指责他做得不好。

那段时间他内心总是想不通，后来，他经历的事情多了，随着视野的扩大，他突然醒悟了——他说："我完全没有必要为此闷闷不乐，否则自己精神上感到很压抑，我希望每个人都爱我，但这是不可能的。我只要努力去爱这个世界，爱自己就行了！"

看，这话讲得多么深刻！接下去他又说："如果我拿水果来比喻每个人，自己可能只是一个微不足道的小小的李子，而别人想要香蕉，虽然我也许可以通过努力让自己变成香蕉的味道，但我永远是个替代品，事实上，我只要努力使自己体现出李子最出色的味道就行了。"

是的，我们没有必要因为别人的不友善或不理睬、不帮助就改变自己的初衷，甚至让自己奉献社会和关爱别人的本意有了改变。我们不应期待着别人的感恩，只要我们自己在内心紧紧握住“自我”的手说：“我所做的这一切足以证明自己是个善良的人、优秀的人就可以了。”这样，你将会发现自己的心是快乐的。

(2)先施予，后收获。

社会中，那些肯大力布施、慷慨奉献、广结善缘的人，往往会获益无穷、受益匪浅。

约翰先生同时拥有三幢办公大楼。一般的房地产商人都会在圣诞节即将来临时，送一些礼物给他们的房客，通常是五分之一或五分之二加仑的酒类，表示一点儿意思。但约翰先生却有一种与众不同的做法，他认为每一位房客都是有不同身份、不同背景的人物，这些人租住在他的楼里，他应该与他们成为朋友。于是，他总会不时地送上一些极不寻常的礼物，这些礼物花钱并不多，可是却颇具功效，比如一本邮册，比如一个意义非凡的风筝。

有人为此曾向他请教：“你认为送的礼物客人能满意吗?”约翰先生回答说：“这些房客是我最忠实的房客了。他们一旦租了我的房子，就舍不得退租，我的房子永远也不会有空下来的时候。我的租金要比别人高出一些，然而一直供不应求，在很大程度上是因为我会根据客人的喜好送一些小礼物。”

可能有人会冷嘲热讽地说：“哦！约翰是一位百万富翁啊！他

不在乎这点微不足道的小钱，当然负担得起这种‘慷慨施予’。”可是，约翰先生先生的慷慨，并不是他有了财富以后的结果，而是他所以能获得财富的原因。为什么这样说呢？让我们回头再来看看。

几个月以前，约翰先生的朋友大卫·史华兹的时间表上排定了他要分别到亚特兰大市与田纳西州的度假地演讲，仅有90分钟之隔，这虽可以让他分身有术，但必须订好分别飞往两地的机票。由于他未能及早发现自己时间上的错误，直到发现后时间已经很紧迫了，只得寻找接洽一架包机才能做到此事。史华兹决定去拜访约翰先生，因为约翰与两家包机公司的老板很熟——他们都是约翰先生的房客。

大卫·史华兹开门见山地向约翰先生提出了请一家包机公司帮忙的请求，约翰毫不犹豫地说：“没问题，我可以试试。”结果是，在约翰先生的帮助下，大卫·史华兹顺利到达了目的地，而且包机公司的老板没有多要史华兹一分钱。

约翰先生一直在做这种无偿助人的好事。他会把非常热门的足球比赛入场券赠给想看球赛的人；他还会从老远的地方搜购别致、特殊的礼品来馈赠朋友。

他这样做是否值得呢？约翰的回答是肯定的。约翰先生在他所从事的行业中赫赫有名，他的企业是全镇上最佳企业之一；而他慷慨助人的做法，正是他能获得成功的关键因素之一。

多得到一些收获，是人本性的自然现象，而且也是很正常的生理现象。但是如果能采取倒向式的做法——“先施予，后收获”的做法，那就更难得可贵了。

爱意味着奉献和付出，而不是索取。当然，在真心付出之后，有些能得到回报，有些得不到回报，但长此以往，肯定会得到丰厚的回报。

(3)把爱献给他人。

奉献爱不是一句空话，西方有个形象的比喻，说假如在人即将离开人世的时候，身边没有一个人能紧紧握着你的手，这说明你在一生中未曾伸出友爱之手去帮助他人。

爱体现在任何一个小小的行动和生活细节中。把爱奉献给他人，实际上是非常难得的。

去奉献爱心吧——你认识的，你不认识的；去帮助别人吧——金钱上的，行动上的；爱包括一个善意的眼神，一个轻轻的微笑，包括一次伸手相助，看看你的周围有什么可以奉献爱心的，记住永远不要做只知索取的人，要做勇于无私奉献的人。

♡ 用全身心的爱来迎接当下

当你以极大的热情和欣喜来开始一天的时候，这一天对你来说会是快乐而充满希望的。

《圣经》的开篇写道："这是上帝创造的一天，我将怀着欣喜的心情接受它。"很多知名作家也在他们的著作中反复启迪读者，要想体味生命的意义，就要用全身心的爱去迎接每一天——爱自己，爱世界，爱所有生命。

奥格·曼狄诺在《世界上最伟大的推销员》一书里这样写道：

我要用全身心的爱来迎接今天。

因为，这是一切成功的最大秘密。强大的力量能够劈开一块盾牌，甚至毁灭生命；但是，只有爱才具有无与伦比的魅力，它能使人敞开心扉。在掌握了爱的艺术之前，我只算商场上的无名小卒。接受之后，我要让爱成为我最大的武器，因为没有人能抵挡住它的威力。

我的理论，他们也许反对；我的言谈，他们也许怀疑；我的穿着，他们也许不赞成；我的长相，他们也许不喜欢；甚至我廉价出售的商品，都可能使他们将信将疑。然而，就像太阳的光芒能融化冰冷的冻土一样，我的爱心一定能温暖他们！

我要用全身心的爱来迎接今天。

我该怎样做呢？

从今往后，我对一切都要满怀爱心，这样才能获得新生。我爱太阳，它温暖我的身体；我爱雨水，它洗净我的灵魂；我爱光明，它为我指引道路；我也爱黑夜，它让我看到星辰。我迎接快乐，它使我心胸开阔；我忍受悲伤，它升华我的灵魂；我接受报酬，因为我为此付出汗水；我不怕困难，因为它们给我挑战。

我要用全身心的爱来迎接今天。

我该怎样说呢？

我赞美敌人，敌人因此成为朋友；我鼓励朋友，朋友于是成为手足。我要常想理由赞美别人，绝不搬弄是非，说人长短。想要批评人时，咬住舌头，想要赞美人时，高声表达。

飞鸟、清风、海浪，自然界的万物不都在用美妙动听的歌声赞美造物主吗？我也要用同样的歌声赞美她的儿女。从今以后，我要记住这个秘密，它将改变我的生活。

我要用全身心的爱来迎接今天。

我该怎样行动呢？

我要爱每个人的言谈举止，因为人人都有值得钦佩的地方，虽然有时不易察觉；我要用爱摧毁困住人们心灵的高墙——那充满怀疑与仇恨的围墙；我要铺一座通向人们心灵的桥梁。

我爱雄心勃勃的人，他们给我灵感。我爱失败的人，他们给我教训；我爱王侯将相，因为他们也是凡人；我爱谦恭之人，因为他们非凡；我爱富人，因为他们孤独；我爱穷人，因为穷人太多了；我爱少年，因为他们真诚；我爱长者，因为他们有智慧；我爱美丽的人，因为他们眼中流露着温情；我爱丑陋的人，因为他们有颗宁静的心。

我要用全身心的爱来迎接今天。

我该怎样回应他人的行为呢？

用爱心。

爱是我打开人们心扉的钥匙，也是我抵挡仇恨之箭与愤怒之矛的盾牌。爱使挫折变得如春雨般温和，它是我商场上的护身符：孤独时，爱给我支持；绝望时，爱使我振作；狂喜时，爱让我平静。爱心会一天天加强，越发具有保护力，直到有一天，我可以自然地面对芸芸众生，处之泰然。

我要用全身心的爱来迎接今天。

我该怎样面对遇到的每一个人呢？

只有一种办法，我要在心里默默地为他祝福。这无言的爱会闪现在我的眼神里，流露在我的眉宇间，让我嘴角挂上微笑，在我的声音里响起共鸣。在这无声的爱意里，他的心扉向我敞开了。他不再拒绝我伸出的手。

我要用全身心的爱来迎接今天。

最主要的，我要爱自己。

只有这样，我才会认真检查进入我的身体里，思想、精神、头脑、灵魂，心怀的一切东西。我绝不放纵肉体的需求，我要用纯洁与节制来珍惜我的身体。我绝不让头脑受到邪恶与绝望的引诱，我要用智慧和知识使之升华。我绝不让灵魂陷入自满的状态，我要用沉思和祈祷来滋润它。我绝不要心怀狭窄，我要与人分享，使心成长，温暖整个世界。

我要用全身心的爱来迎接今天。

从今往后，我要爱所有的人。

仇恨将从我的血管中流走。我没有时间去恨，只有时间去爱。现在，我迈出成为一个优秀的人的第一步。有了爱，我将成为伟大的推销员，即使才疏志短，也能以爱心获得成功；相反地，如果没有爱，即使博学多识，也终将失败。

我要用全身心的爱来迎接今天。

奥格·曼狄诺在他的书中写得多好啊，他用最朴实的语言道出了他最真实的情感，也道出了人生的真谛——爱。

是的，如果给爱下一个定义的话，唯一能够概括其全部含义的就是“善”。人一旦失去了爱，也就失去了快乐的生活。所以，请加倍珍惜自己的爱，用行动去表达自己的爱吧！

♡ 人人都可以奉献爱

无论是谁都可以帮助他人，都可以对他人、对社会奉献出自己的爱。如果每个人都这么想，每天都为他人、为社会做些好事，世界就会变得更美好，也会更加平等。

2007年岁末，美国加利福尼亚州的《慈善周刊》开展了首届“年度慈善人物”评选活动。

帕德是《慈善周刊》的记者，也是评选委员会的工作人员。他的工作就是负责统计来自电子邮件的选票。那天，他收到的电子邮件还是像往常一样，反复出现这几个人的名字：比尔·盖茨、默克多、巴菲特、拉里·埃里，个个都是著名的常常为慈善事业捐款的富豪。

帕德一一做着登记。突然，他看到一个很陌生的名字：沃伦·皮尔斯。“沃伦·皮尔斯？他是谁？做什么的？”帕德感到很奇怪。他从来没有听说过沃伦·皮尔斯这个人，富豪群里没有，名流圈里也没有。发来邮件的人没有留下自己的地址和电话，只在邮件里写了沃伦·皮尔斯这个名字，也没有对沃伦·皮尔斯进行介绍。帕德按照规定，为沃伦·皮尔斯做了登记。

谁知在第二天，帕德登记时又看到了“沃伦·皮尔斯”这个名字，而且不止一次，有6封邮件都写了“沃伦·皮尔斯”这个名字。发邮件的这6个人都留了地址，他们来自同一个地方：布里维尔镇。

来自职业的敏感性让帕德意识到，这么多人评选沃伦·皮尔斯作为“慈善年度人物”绝不是偶然的。他决定去布里维尔镇探访这个叫沃伦·皮尔斯的人。

布里维尔镇位于加利福尼亚北部，多数居民为印第安人。帕德联系上了一个叫尤杜里的人，他是其中一个发邮件推选沃伦·皮尔斯的《慈善周刊》的读者，而且他还是布里维尔小镇的镇长。尤杜里很爽快地答应陪帕德一起去见沃伦·皮尔斯。

帕德与尤杜里一路走着，尤杜里向帕德讲述着皮尔斯的故事。原来，皮尔斯是一家鞋厂的退休工人。他和妻子从繁华的洛杉矶搬到布里维尔这个清静的小镇生活。虽然来到小镇不到两年的时间，但整个小镇的人差不多都知道他是个热心的老头。他在家门口摆了个修鞋摊儿，义务为小镇的居民修鞋。居民们到皮尔斯那里修鞋，不仅不花钱，还可以喝上一杯茶，并坐下来和皮尔斯聊天儿。

和皮尔斯聊过天的人都说和他聊天儿是一种享受，他总能让人感受到生活的美好。有很多人，闲着无事，不修鞋也愿意到皮尔斯那里坐坐，和他聊天儿。还有的人无暇分身，不能按时去学校接孩子，只要给皮尔斯打个电话，他会把他们的孩子平安地接回来；如果有居民举家外出旅游，皮尔斯可以帮忙照看家里的宠物，等居民回来的时候，就会发现，自家的宠物和皮尔斯已经成为了好朋友。皮尔斯还常常向小镇的居民提供自己力所能及的帮助，他被小镇的居民称为“布里维尔镇义工”。

帕德在镇长尤杜里的带领下见到了皮尔斯，一个精神矍铄、面容慈祥的老人。当帕德告诉老人他被布里维尔镇人推选为“年度慈善人物”时，皮尔斯笑着说：“我可不想当什么慈善人物，我只想做一个快乐的老头儿。”

回到报社，帕德连夜将皮尔斯的事迹写了出来。很快，《慈善周刊》的读者在“年度慈善人物”专版看到了对沃伦·皮尔斯的介绍。一个普普通通的退休老头儿和那些大名鼎鼎的慈善家赫然同列，刊物出版后，没有一位读者提出异议，反而有许多读者来信支持沃伦·皮尔斯成为“年度慈善人物”。

比尔·盖茨看到报道后来信说：“我为能同皮尔斯老人站到一起感到荣幸。对于那些需要帮助的人而言，有许多事情我能做到而我却没有做到，而皮尔斯做到了他能做的事。”

慈善家不是那些具有显赫身份地位、拥有巨额财富人士的专利，人人都可以成为慈善家，只要你有一颗慈善的心。这种善良在他人需要时给予力所能及的帮助就可以了，这就是有爱心的慈善观。

美国的私人公益事业是非常著名的，像我们所熟悉的各种“基金会”是其中一种形式。

基金会兴起于20世纪初，目前数目已达几万个，资产总计上万亿，可以说是20世纪美国一大“特产”。基金会是政府财政的补充，是社会的“缓冲剂”，是“取之于民用之于民”的最佳途径，授受双方都能从中得益。

从20世纪初的卡内基、洛克菲勒到20世纪中的福特、20世纪末的特纳和比尔·盖茨都建立了私人有公益性的基金会，他们遵循“发了财就捐赠”的传统，而且都着眼于促进文化教育事业。在普通人眼中，“基金会”已进入平民的日常生活，凡有人想要从事科研、教育、文化或社会公益事业，自然就想到向某个基金会报一个“项目”，申请资助。

卡内基曾发表过的《财富的福音》现如今已成为公益事业的经典。在这篇文章中，卡内基表达了一种看法，归纳起来就是：社会的贫富不均是正常现象，人也有优劣之分。那些处于社会上层的人是凭他们的才能和努力达到他们的地位的。但是一旦拥有了财富和荣誉，就有责任帮助不幸的“兄弟”，为改善社会而做出贡献。

卡内基还有一句名言：“在巨富中死去是一种耻辱。”因此，他认为捐赠不能等到死后，而且他认为如何“散财”和如何“敛财”同样需要智慧和才能。

老洛克菲勒差不多也有同样的思想。他认为：如果是巨大的财富不在生前做恰当处理，对子孙是祸不是福，甚至对社会还将产生不良影响；其次，要科学地进行慈善捐赠，使花的钱产生最大社会效益，变“零售”为“批发”。这也是他建立基金会之由来。“尽其所能获取，尽其所有给予”是他“敛财”与“散财”的方针。

所以，我们要培养公益意识，尤其注重多对人进行做奉献、付出的意识的培养。比如，父母要教导从幼儿园到高中生的孩子，经常为某项慈善活动、公益事业乃至本人学校和某项设施募捐，还有，有了成绩多与人分享，有了财富多帮助他人等。人若从小就参与慈善活动，一旦成人，他的奉献、付出的意识就不会淡薄。

人要培养自己成为善良有爱心的人，这个过程中，努力帮助他人做一些力所能及的事情是很重要的。也许你做的有些事情对你自己没有什么价值，但对于他人就有可能有特殊的重大意义或价值。

学会控制自我，提高品德修养

♡ 培育美德，最大限度地热爱生活

本杰明·富兰克林说：“品格是世界上最强大的动力之一。高尚的品格，是人性的最高形式的体现，它能最大限度地展现出人的价值。”

的确是这样，假如我们口口声声说我们热爱生活，但连最起码的人生道德标准都达不到，那又何谈“热爱”？真正热爱生活、享受生活乐趣的人，真正让自己的生命更有意义的人，首先应该具备一些最基本的美德，如勤劳、正直、自律、诚实，等等，因为，具备了这些美德的人不仅值得信赖、信任和效仿，而且值得敬重。这个世界因为有美德的人，表现了他们的风范，弘扬了他们的正气，才能融洽了社会氛围，他们的出现使世界变得更美好、更可爱。

天才总是受人崇拜，但高尚的品格更能赢得人们的敬重。前者是超群智力的硕果，而后者是高尚灵魂的结晶。灵魂主宰着人的思想。天才人物可能会凭借自己的智力赢得社会地位，但具有高尚品德的人会靠自己的良知获得声誉。

伟人们往往是一些特殊人物，但他们的伟大也是相比较而言的。事实上，大多数人的生活圈子非常狭小，很少有机会出人头地，成为伟人。但是，每一个人都可以正直诚实、光明磊落地生活，最大限度地关爱别人，在生活中展现自己生命的价值。

人可以没有金钱、没有财产、没有学问、没有权势，但是，要拥有高尚的灵魂，拥有精神上的财富——诚实、善良、正直、勇敢……要懂得爱、愿意奉献爱，要在生命的过程中，锻造自己优秀的品格。

品格是道德的核心，也是伦理的核心。而追求修养的品格，其实就是追求全面性的“个人卓越”与“人际卓越”。人要想达到真实、全面、令人深感满意而且可以长久的个人卓越境界，就一定要拥有良好的品格。

人在年轻的时候，就要确立自己的道德标准，作为品德的指南，这样在生命的航船受到诱惑的狂风袭击的时候，就不致偏离航向。有些人生活中没有坚定的道德态度，一遭遇到困难或诱惑，往往很容易被击中。而人如果未能培养良好的品格，便不可能建立真正成功的人生。人的自我约束力以及坚忍性如果非常弱，就难以平稳地迈向全方位的“个人卓越”境界。反之，如果我们能建立起道德标杆，就将可能扫除众多的障碍，从而获得真正意义上的成功。

人要表里如一，既要有诚实内心，又要有助人行为。美德养成首先发于有一颗爱心，所以，有爱心就是有热爱生活的态度，有美德人就会发出崇高、永恒和持久的光芒。

♡ 做一个正直的人

一个人要过上美好而成功的生活，就必须具备与之相符的良好的道德品格。好的品格大致包括以下的元素：正直、诚实、耐心、勇气、仁慈、宽容、富于责任感等。

以《爱的能力》一书成名的畅销书作者艾伦·弗罗姆非常重视人的品格，尤其强调正直这种品德，他说："正直是一种传统的美德。这种传统美德之所以留传至今，正是由于时间的考验证明它确实具有强大生命力的缘故。正直与廉洁相通；正直的美名与始终不渝地坚持真理、忠实于信仰是紧密相连的，它也是人建立生活大厦的坚实基础。"

一个正直的人，不会心口不一，想一套，说一套；也不会表里不一，说一套，干一套。由于内心没有矛盾，所以踏实肯干，认真负责对待所做之事，所见之人。正直会给人带来诸多好处：友谊、信任、钦佩和尊重。人类之所以充满希望，其原因之一就在于人们似乎对正直具有一种近于本能的识别能力——而且不可抗拒地被它所吸引。

那么，怎样才算做到正直呢？

(1)正直意味着高标准地要求自己。

许多年前，一位作家在一次投资中，损失了一大笔财产，趋于破产。后来，他决定用自己之长，用写作赚取每一分钱来还债。

三年后，他仍在为此而不懈地努力。一家报社组织了一次为他募捐的活动，但被他拒绝了。他把报社给他的捐款退还给了捐助人。几个月之后，随着他的一本轰动一时的新书的问世，他偿付了所有的债务。这位作家就是马克·吐温。

(2)正直意味着有高度的名誉感。要注意，这里指的不是声誉，而是名誉。

弗兰克·劳埃德·赖特曾经对美国建筑学院的师生们发表过一次讲话，他说："正直指的是什么呢？如果是一块砖头的名誉感，那就是一块实实在在的砖头；如果是一块板材的名誉感，那就是一块地地道道的、名副其实的板材；如果是人的名誉感，就是要做一个正直的人。"

弗兰克·劳埃特·赖特自己也是如此，他是一个正直的人。

(3)正直意味着具有道德感并且遵从自己的良知。

第二次世界大战期间，当美军正设法冲出敌人的包围时，一位陆军上校和他的吉普车司机拐错了弯，迎面遇上了一个德军的武装小分队。两个人跳出车外，隐藏起来。司机躲在路边的灌木丛里，而上校则藏在路下的水沟中，德国人发现了司机并向他的方向开火。上校本来没被发现，然而，他却跳出来还击——用一把手枪对付德军小分队。最终，他被杀害了。司机被捕入狱。

司机出狱后，对人们讲述了这个故事。他说这位上校是个正直的人。因为他的正直心强于他对自己安全的关心，尽管没有任何人勉强他。

正直难以做到吗？的确很难。这就是为什么真正正直的人是难能的可贵之人，是值得钦佩的人。因为，正直具有无与伦比的价值，是值得人们为此而努力的。

♡ 戒除恶习，提高自己的道德修养

人要完善修养，趋善抑恶，提高自己的道德修养。

美国伟大的政治家本杰明·富兰克林年轻时曾经编过一本集子，名为《信条和宗教条例》。集子中有这样的话：

“帮助我摆脱不诚、不敬吧！

“帮助我远离不恭、夸张、拘于礼仪和可憎的虚伪吧！

“帮助我恭顺、服从，避免傲慢、不敬、不从。

“帮助我对位卑者温和、纡尊降贵、宽容、慈悲为怀，保护无辜者不受痛苦，避开残酷、苛刻和压迫、侮辱、无理的严厉吧！

“帮助我抑制非难、进谗和诽谤；让我避开并憎恶欺骗和妒忌、诈骗、谄谀、仇恨、怨忿、撒谎和恩将仇报吧！

“帮助我对友情真挚、受人之托时守信、判断时公正，警惕骄傲自大和愤怒吧！

“帮助我在为人处事中公正，在享乐时有节制，满怀坦白、真诚、人道和仁慈吧！

“帮助我知恩图报，对朋友慷慨，对穷人行善，对受苦者同情吧！

“帮助我避开贪婪和野心，嫉妒和放纵，虚伪、奢侈和好色吧！”

……

不难看出，富兰克林集子中的内容几乎都是指向一个目标：提高自己的道德修养，趋善抑恶。因为他确信，“在人与人之间的相互关系中对人生幸福最重要的莫过于真实、诚挚和廉洁”，而“《圣经》本身对我并没有重要性”。

为了完善自身的品德，富兰克林还提出了下面13种应该遵守的好德行，它们是：

①节制。

食不过饱；饮酒不醉。

②沉默寡言。

言则于人于己有益，不做无益闲聊。

③生活有秩序。

各样东西放在一定地方；各项日常事务应有一定的处理时间。

④决断。

事情当做必做；既做则坚持到底。

⑤俭朴。

花钱须于人于己有益，不浪费。

⑥勤劳。

不浪费时间；每时每刻做有用之事，戒除一切不必要的行动。

⑦诚恳。

不欺骗人；思想纯洁公正；说话也应诚实。

⑧正直。

不做不利他人之事，履行对人有益的义务而不伤害他人。

⑨中庸。

勿走极端；对于受到的批评，应当加以容忍。

⑩清洁。

身体、衣服和住所应力求清洁。

⑪宁静。

勿因琐事或普通之事以及不可避免之事而烦恼。

⑫戒欲。

切戒房事过度，勿做伤害身体或有损自己或他人安宁或名誉之事。

⑬谦虚。

无论对何人都持谦虚态度。

富兰克林是一个非常懂得自律和自省的人，他后来还写过一部《道德的艺术》来作为自己的基本信条。

他制作了一本小册子，每一页写上一种美德的名称。每一页上用红墨水画成 7 个直行，一星期的每一天占一行，每一行上端注明代表星期几的一个字母。再用红线将直行画成 13 条横格，在每一条横格的左首注明代表每一种美德的第一个字母。每天他都检查自己在哪一方面有过失，然后在那一天该项德行的横格内打上一个小黑点。富兰克林决定每一个星期对于某一种德行给予特别密切的注意，预防自己有关方面的极其微小的过失。这样，“经过几个循环，在第 13 个星期的逐日检查后，他愉快地看到了一本干净的小册子”。

富兰克林很满意这种修身养性的办法。他在 79 岁回忆此事时，在自传中写道：“我的后代应当知道他们的祖先一生中持久不变的幸运，直到他 79 岁写本文时为止，全靠这一小小的方法和上帝的祝福。……他们把他长期的健康和他那至今仍强健结实的体格归功于节制；他早年境遇的安适和他所获得的财产及一切使他在学术界享有一定声誉的知识，应当归功于勤劳和俭朴；国家对他的信任和国家授予他的光荣职位，应归功于诚恳和正直；他的和气和他谈话时的愉快，应归功于这些品德的综合影响。由于他谈话时的愉快率直，使他直到晚年还颇受人们的欢迎，包括年轻人也喜欢同他交往。因此，我希望我的子孙中有人会步我的后尘，取得有益的效果。”

很显然，富兰克林很重视道德修养。在他看来，人都应当注意自己的道德品行，因为有德行的人才能事业成功，诸事顺遂；有德行的人会愉快地去服务于公众，报效国家，保证公众的福祉和国家利益不受损害。

富兰克林是美国历史上非常有影响力的伟人之一，他不仅是一个伟大的发明家，同时还是一位受人尊重敬仰的人，他为自己制定的一个戒除恶习、提升修养的妙方简单、易行。富兰克林这种注重品德修养的态度，值得我们每个人借鉴！

♡ 保持克制，约束自己

任何人，不管是地位高高的伟人，还是普通百姓，都不能为所欲为。为什么这样说呢？

自由与克制是两种抽象的事物，后者更具有意义。当然，自由也是很重要的，两者之中，凡可显示高级动物的特性而又能改造低级动物的都有赖于克制。

而自由是相对的，就像太阳也是不自由的，它要服从规律，按时地升或落；就像人体的各部分没有自由，整体却很和谐，反之，如果各部分都有了自由，就势必导致整体的溃散。

人在实现目标的旅程上，有时干了一些自己不想干的事，放弃了一些自己深深迷恋的事，会深切地体会到自由与克制的相辅相成的关系，尤其是“克制”的重要性。很多人试图摆脱一切“克制”，在“自由”中行走。然而，多次碰壁后发现，人应在“克制”的引导下，一步步脚踏实地，稳妥地前进。

一个人一旦失去了自制，不管是什么人，都会轻易被生活击败，这也是一条铁的定律。克制自己不是一件容易的事情，因为我们每个人心中永远存在着理智与感情的斗争。而自我控制、自我约束就是要一个人按理智判断行事，克服追求一时感情满足的本能愿望。一个真正具有克制能力的人，即使在情绪非常激动时，也是能够平静、理智地面对人与事的。

克制表现为一种能控制的情感。当然，自由并非是“做自己高兴做的事”，或者采取一种不顾一切的态度，我们要考虑他人的感受，要尊重他人、关爱自己与他人的生命。人要有战胜自己情感的力量，要有控制自己命运的能力。如果任凭感情支配自己的行动，那便使自己成为了感情的奴隶。一个人，没有比被自己的感情所奴役而更不自由的了。

我们每个人都可以通过自我约束、自我控制来努力做对社会、对他人、对自己生活更有意义的事。生活中，我们要培养自己自律、理智的性格，要做好自我约束、自我控制的事。

♡ 戒骄戒躁，保持谦虚的头脑

我们要时刻保持谦虚的头脑，时刻以名言“颗粒饱满的稻穗是低着头的，只有空瘪的稻穗才昂着头”来警醒自己不要狂妄自大，而要把自己的人生之根深深地扎于土壤之中，汲取养分，扎实地生活、学习，打牢人生之基。

奥地利在滑铁卢战役前夕已经看出了法国即将战败的端倪，这是奥地利王朝所不愿看到的结果，为此，它暂时没有加入新的反法同盟，而是派出外交大臣进行调解，希望法国与反法同盟握手言和。应当说，这对法国是十分有利的，也是争取奥地利至少保持中立地位的良机。但拿破仑却被自己以往的胜利蒙蔽了眼睛，他认为只要继续作战自己必胜无疑。因此，他不仅不把奥地利外交大臣梅特涅的意见放在眼里，反而认为这是对他的一种侮辱，他怒火中烧，大骂奥地利外交大臣梅特涅：

“啊！梅特涅！你说说，英国给了你多少钱，让你扮演这个角色来反对我？好吧，让战争爆发吧！再见吧，我们在维也纳再见吧！”

拿破仑这种侮辱对欧洲的一个大国来讲是无法忍受的，奥地利很快便投入了同盟国的怀抱之中，随之而来的便是法军的惨败。

可见，傲慢是一把自杀的利剑，有多少人因为自己的傲慢而一意孤行，最终惨败！人在面对自己所取得的成绩时应该戒骄戒躁，保持谦虚的头脑，再接再厉，不能被成绩冲昏理智，以致最后一败涂地。

古今中外，具有谦虚谨慎品格的人不会装模作样，摆架子，不会盛气凌人地表现自己，总是一幅低调的态度。

美国第三届总统托马斯·杰佛逊曾说：“每个人都是你的老师。”

杰佛逊出身贵族，他的父亲曾经是军中的上将，母亲是名门之后。当时的贵族除了发号施令以外，很少与平民百姓交往，因为他们看不起平民百姓。然而，杰佛逊没有秉承贵族阶层的恶习，主动与各阶层人士交往，虚心向群众学习，了解下层人民的情况。他的朋友中不乏社会名流，还有普通园丁、仆人、农民或者是贫穷的工人。他善于向各种人学习，懂得每个人都有自己的长处。

有一次，他和法国伟人拉法叶特说：“你必须像我一样到民众家去走一走，看一看他们的菜碗，尝一尝他们吃的面包，只要你这样做了，你就会了解到民众不满的原因，并会懂得正在酝酿的法国革命的意义了。”

由于杰佛逊作风扎实，深入实际，后来，他虽高居总统宝座，却很清楚民众究竟在想什么，需要什么。

杰佛逊谦虚仁爱的作风也让他得到了更多的民心和群众的热爱，进而成为一位百姓交口称赞的伟人。

谦虚谨慎的品格，还能让一个人在面对成功、荣誉时不骄傲，并把它视为一种激励自己继续前进的力量，而不会陷在荣誉和成功的喜悦中不能自拔，把荣誉当成包袱背起来，沾沾自喜于一得之功，不再进取。

谦虚谨慎的品格还是一种难能可贵的自爱精神。居里夫人就是以她谦虚谨慎的品格和卓越的成就获得了世人的称赞，她对荣誉的特殊见解，使很多喜欢居功自傲、浅尝辄止的人汗颜不已。也正因为她的高尚品格，她的女儿和女婿也踏上了科学研究之路，并再次获得了诺贝尔奖，成为令人敬仰的两代人三获诺贝尔奖的家庭。

大凡有所成就的人，都把谦虚谨慎当作人生的第一美德来刻苦培养。这不是空穴来风，因为谦虚谨慎确实是人的立足之本，是促人向上的根基。而我们要懂得自尊自爱，首先从谦虚谨慎做起。

♡ 树立正确的价值观比金钱更重要

我们生存在世界上，什么是最重要的呢？

一位哲学家带着一群学生去周游世界，10年间，他们游历了许多国家，拜访了很多有学问的人，现在他们回来了，个个满腹经纶。

在进城之前，哲学家在郊外的一片草地上坐了下来，说："10年游历，你们都已是饱学之士，现在学业就要结束了，我们上最后一课吧！"

学生们围着哲学家坐了下来。

哲学家问："现在我们坐在什么地方？"

学生们答："现在我们坐在旷野里。"

哲学家又问："旷野里长着什么？"

学生们说："旷野里长满杂草。"

哲学家说："对，旷野里长满杂草，现在我想知道的是如何除掉这些杂草。"

学生们非常惊愕，他们没有想到，一直在探讨人生奥秘的哲学家，最后一课问的竟是这么简单的一个问题。

一个学生首先开口，说："老师，只要有铲子就够了。"哲学家点点头。

另一个学生接着说："用火烧也是很好的一种办法。"哲学家微笑了一下，示意下一位。

第三个学生说："撒上石灰就会除掉所有的杂草。"

接着讲的是第四个学生，他说："斩草除根，只要把根挖出来就行了。"

等学生们都讲完了，哲学家站了起来，说："课就上到这里吧，你们回去后，按照各自的方法去除一片杂草。一年后，再来相聚。"

一年后，学生们都回来了，不过原来相聚的地方已不再是杂草丛生，它变成了一片长满谷子的庄稼地。学生们围着坐下，等待哲学家的到来，可是哲学家始终没有来。

哲学家去世了。学生们在整理他的言论时，在最后补了一章：要想除掉旷野里的杂草，方法只有一种，那就是在上面种庄稼。同样，要想让心灵无任何纷扰，唯一的方法，就是要用美德去占据它。

没有人生信仰和道德理念的人，即使生活在锦衣玉食的环境中，也是轻如草芥。而有着正确人生观的人，往往能够创造美好的生活。

帕丽斯·希尔顿事件就是一个例证。

希尔顿酒店集团继承人帕丽斯·希尔顿从小就住在纽约一家豪华饭店的总统套房里，自称“穿过的衣服比吃过的饭还多”。生活的优越，家庭的恩宠，使她在高中毕业后就无心读书，整天沉湎于放荡的生活，最后因违法而入狱。

美国媒体因此惊呼，富家子弟一定要提防“帕丽斯·希尔顿综合征”。其实，具有“帕丽斯·希尔顿综合征”的富家子弟不在少数。

零售业巨头沃尔玛创始人巴顿·沃尔玛的女儿及外孙女，一个生活不检点，醉酒驾车差点儿丢掉一条腿；另一个则在大学期间花钱雇人帮自己做了3年多作业，最后不得不向母校退回文凭。这样的人，连基本的自爱都做不到，他们又如何立足于世，向社会奉献自己的才干和爱心呢?

二战结束后，美国经历了一个相当长的经济扩张期，大量工商企业的涌现，创造出巨大的财富，财富浪潮又带来一大批富孩子和新一代忧心忡忡的富裕家长，富家子弟的教育随之成为令人关注的社会问题。据统计，美国百万富翁的孩子已超过400万。有近40%的百万富翁由于无暇照顾和教育子女，以大量可支配的收入，交与子女来替代他们的关爱。然而，金钱在带给孩子们奢侈生活的同时，也种下了蜕变的“祸根”。由于无须劳动即有收获，富家孩子们常常习惯于花天酒地，坐享其成。在私立学校里，酗酒和吸毒的富家学生比普通人家的学生人数要多得多。这些从小习惯于依靠佣人和家长的富家子弟，很难掌握基本的生活技能，至于如何在社会上赚钱、理财以及如何与他人共事，分享成果更是全无概念。

为此，一些明智的富豪们开始注重对下一代的美德培养，他们特别注重让孩子从小养成自食其力以及有正确价值观和高尚信仰的观念。他们希望孩子懂得，生活的经验不是用钱买来的，而是要用自己的双手通过奋斗得来的。家长想留给后代的最重要的遗产不是金钱，而是做人的正确价值观和正确的生存理念。

所以，我们要想让自己生活得更加充实而有意义，唯一的方法，就是用美德去塑造自己的信仰和树立正确的价值观。

传播爱心，拥抱生活的每一天

♡ 爱自己，也爱身边的人

我们生活在这个世界上，既要爱自己，也要学会爱别人。

一个女孩曾对父亲这样抱怨说：“我不明白，在学校里我为什么不受同学们欢迎呢?”

父亲问她，“你对同学友好吗?”

女孩想了想，她对同学们确实不太友好。

假如你的同伴不喜欢你，那么这是你自己的过错；因为如果你待人友善，他人就会对你友善。倘若别人不喜欢你，肯定你与他人的关系不那么融洽。这个世界上，不能一味地强调要别人无条件地喜欢你、爱你——任何人都没有这个权利。而且，一个人的财富、地位、权势、美貌……根本不能为他带来真正的朋友，若想赢得他人的尊重和喜爱，拥有更多的朋友，你的心灵就必须充满爱心、仁慈，必须首先愿意向别人奉献自己的爱心和善良。

如果一个人内心充满爱，那么他绝不会孤芳自赏，而是会爱这个世界的一草一木，爱自己，也爱身边的每个人。

一个人在社会上生活，总要和家人、亲戚、朋友、同事等各种人打交道，这些人的性格脾气、兴趣爱好、品德学识、生活习惯……一定是形形色色的。每个人都有着极其丰富的内心世界，如果你冷漠地拒人于千里之外，或总“剥削”他人的情感，那么，就无法了解别人内心的感受，也就看不到他人内心的精彩。

如果你与周围的人关系处得不够好，你应该对这种不良的人际环境负责，虽然你可以随便列举几个理由，说明你是如何清白无辜、责任全在他人，不过，你应该首先想到的是，这种不良的人际环境，在很大程度上是你自己造成的。

当你对同事的言谈举止不屑一顾时，你就以所谓的清高与他们拉开了距离，尽管他们可能学识见闻不如你多，但当你夸夸其谈、旁若无人地表现自己时，你的居高临下就可能会招来狂妄的名号，让大家不喜欢你——尽管你确属于才华横溢之辈；当你态度生硬地待人接物时，你就等于孤立了自己；当你竖起眉毛，瞪圆双眼呵斥他人时，你与他人的友情就已陷入了危机。

所以说，只要有了上述之中一条，不论你本身多么优秀，你都与他人关系“搞不好”，而从结果上看，这也都不是有爱心的人应该做的。有上述表现的人，只会让周围人讨厌。

朋友可以在日常生活的许多小事中结交。你可以反感迪斯科，但你绝没有理由讨厌跳这类舞的人，你选择宽容的态度就行了；如果你能以优美的华尔兹、探戈舞步唤起他们的兴趣，做他们的教练，这么一来，你给了大家欢乐，大家也会敬重于你。

一位妇人乘火车西行，在中途一个荒野小镇停车时下车散步。这时东行的火车也抵站了，两列车的很多乘客在车站内悠闲踱步。妇人看到一个面带笑容的男子，两人便谈起话来，他们一同散步，火车鸣笛催促乘客上车时，那男子说："我们也许从此不会再见面了。"他们握手道别，谁知，却登上了同一列火车！

其后许多年，他们相互通信，直到离世。两人所求的都不是恋爱，而是珍贵的友情。

看看世界上很多亲密的朋友，有几个是经过正式介绍而认识的？杰克在一处海滩上认识了鲍尔德，就是他从水中走上来，杰克正要走下水去时认识的；柯维在纽约一家餐馆中遇到艾伯特，艾伯特正在看一本当时极为畅销的书。

生活在世界上的每个人情绪感觉各有不同：有的孤独，有的开朗，有的烦忧，有的沉郁。但在人生的旅途中，心情和感觉均需要伙伴，均需要友情。所以，本来是陌生人，如果其中的一个人愿意首先把爱心展示出来，主动伸出手来，那么大家在互相沟通和互相分享情感中的共鸣时就会慢慢地成为朋友。因此，如果我们想要拥有更多的朋友，体会更温暖的友爱之光，那么就请你不要吝惜自己的爱心，要知道，情感都是互相的，你给予这个世界爱心、给予别人爱心，这个世界、他人不会让你损失什么，反而会让你受益良多——因为肯于主动展现爱心并积极与别人交往的人，定能收获更多的友谊和乐趣。

常言道：只要人人都献出自己的一点爱，世界将变成美好的人间。让我们都来为自己、为别人、为世界奉献出自己无私的爱吧。

♡ 展示博爱的胸怀——让爱心散发更大的光芒

人类有一种伟大的力量，叫作爱的能力。

一个人，当你把自己的爱心展示给你的朋友，让他们更幸福、更快乐时，他们就有了一种受尊重的心理满足感，进而会以爱报爱，这样大家就会互相尊重，友好而温馨地相处；但是当你表现得不可一世，不把他人放在眼中，盛气凌人、高高在上时，他人就会对你产生一种敌对感，那么，双方谈不上互相尊重，也许永远是路人。

生活中这样的例子随处可见。在一家中介机构工作的李丽对此深有体会。她在单位是非常有人缘的，但是过去的情形却与现在相反。她初到单位的头几个月当中，李丽在她的同事之中连一个朋友都没有。为什么呢？因为每天她都使劲吹嘘自己的成绩、夸大她新开的存款户头，以及她所做的每一件事情。

李丽被人孤立的感觉非常不好，为此，她专门请教了一位资深的前辈，“我工作做得不错，并且深以为豪，但是同事们不但不分享我的成就，而且表现的似乎极不高兴。我渴望大家能够喜欢我，我真的很希望他们成为我的朋友。”这位资深的前辈听了她的苦恼后，只建议她一条：“多听他人说话，让他人比你表现得更出色。”

后来，李丽按他的指点去做了，她开始少谈自己而多听同事说话。渐渐地，她发现，同事们也有很多事情想要别人与自己一同分享，他们也渴望得到别人认同的满足感。后来当李丽有时间和同事们一起闲聊的时候，她就请同事们把他们的欢乐告诉她，为别人的成绩而祝贺。这样效果果然很好，她慢慢地和大家无话不谈，不少同事也都和她成了无话不谈的好朋友。

李丽正是以自己的胸怀赢得了同事灿烂的友谊之花，也孕育出了快乐和爱的花园。从此，她的事业蒸蒸日上，她的生活也处处充满了欢乐。

与之相反，有一位年轻的律师就因为不谙此道而碰了钉子。

有一次，他参加了一个重要案子的辩论；这个案子牵涉到一大笔钱和一项重要的法律问题。在辩论中，一位最高法院的法官对这位年轻的律师说：“海事法追诉期限是6年，对吧？”

这位律师愣了一下，看看法官，然后率直地说：“不对。庭长，海事法没有追诉期限。”

这位律师后来说：“当时，法庭内立刻静默下来。似乎连气温也降到了冰点。虽然我是对的，他是错的；我也如实地指了出来，但他却没有因此而高兴，反而脸色铁青，令人望而生畏。事后我才想道，尽管法律站在我这边，但我却铸成了一个大错，以教训的口吻指出一位声望卓著、学识丰富的人的错误，以致后来很长时间影响了我的事业的发展。”

这位律师确实犯了一个“比别人正确的错误”。他在指出别人错了的时候，应该委婉一些。

《本杰明·富兰克林》在自传中写道：

“我奉劝善良的聪明人，为了不削弱他们行善的能力，切勿采取一种独断式的、自以为是的态度。这种态度总是使人起反感，往往引起别人的反对，因而使交流思想和增进感情的目的被破坏无遗，因为假如你的目的是要教诲人，讲话时过分自信的武断态度有时会引起反驳，因而使公正的讨论成为不可能。用这种态度，你很难使与你谈话的对方喜悦，或是赢得别人的赞同。”

是的，任何时候，我们都应该以和婉友善的态度对人，而不是用教训的口吻去告诉别人或者指出对方的错误；别人不懂的地方、遗忘了的事情，可以心平气和地提出来或者提醒对方，这样才能赢得别人的尊敬和感激。要记住，即使你才华横溢，事业成功，也绝不能成为你狂妄孤傲的理由。保持一颗善待别人、谦虚谨慎的爱心，会得到永久的朋友，让自己生活幸福快乐。

♡ 体现爱心的最好方式——做一个愿意倾听的人

如果你想成为一个受人喜欢的人，首先要对别人表示真诚地关心，其次学会做一个乐于倾听别人讲话的人。

西方有句话：“上帝赐给我们两只耳朵、一个嘴巴，就是要我们少说多听。”的确，如果你想要和一个人成为朋友，那么就做一个好的听众吧。那些不换位思考，爱出风头、爱表现自己，不善于倾听的人，是骄傲的人，和这种人相处，是一件令人非常不愉快的事情。所以，无论你是地位高、权力大的人，还是无权无势之人，当别人讲话时，你都应该精神集中、全神贯注地去倾听。同样，当别人以一种高度的热情和专注与你谈话时，你也一定要以同样的专注去面对他。

成功的交谈，并没有什么秘密，只需要专心地倾听对方的讲话，这可以了。

辛格曼·弗洛伊德是近代最伟大的倾听大师了。一位曾遇到过弗洛伊德的人，描述着他倾听别人时的态度："那简直太令我震惊了，我永远都不会忘记他。他的那种特质，我从没有在别人身上看到过，我也从没有见过这么专注的人，有这么敏锐的洞察和聚焦事情的能力。他的眼光是那么的谦逊和温和，他的声音低柔，身体姿势很少。但是他对我的那份专注，他表现出的喜欢我说话的态度——即使我说得不好，还是一样，这些真的是非比寻常。你真的无法想象，别人像这样听你说话所代表的意义是什么。"

在美国的一个《我是干什么的?》的电视节目中，电视主持人向来宾提问，要来宾根据提问猜出他是干什么的。这个节目曾连续播出了25年。

阿琳参加这个节目好多年，也获得过很多奖项。有人问她经验时，她说，开始时，她也觉得很难掌握住自己要回答问题的线索。后来，她丈夫马丁·加贝尔说："我从这个节目里得到的结论是：你应该仔细听别人说什么，要学会认真倾听。"阿琳采纳了他的忠告，结果非常有效。由于集中注意力听别人说话，阿琳常常能很准确地回答问题。事实上，她的主要优势就在于她能注意倾听。

生活中，倾听不仅能帮你获取信息，同时也能帮你扫除交往障碍。阿琳常在杂货店碰到一个妇女，这个妇女70多岁了，有着一双机敏又锐利的黑眼睛。每当她看到阿琳时，都会立即走过来跟阿琳滔滔不绝地聊天。有时阿琳忙得很，但也不得不耐着性子听下去。

“我不久要去阿堪萨斯一次，”有一天，这位老妇女对阿琳说，“那里的春天很暖和，这对我的关节炎有好处。但是，不等你想念我，我就会回来的。”

阿琳第一次注意到她的手指既僵硬又弯曲。“你一个人去吗？”阿琳问。“哦，是的，”她说，“我丈夫去世很久了。但是我很幸福，生活中有许多像你一样好的人，每次都喜欢听我讲话。”

阿琳立刻觉得非常惭愧。那位老妇女是那么高兴，而自己每次在倾听时并不是很耐烦。通过这件事，阿琳觉悟道，交流中倾听有非常重要的意义。从此，她在各种场合中都耐心倾听别人谈话，并形成了习惯。

富兰克林曾说，“跟你谈话的人，对他自己、他的需求和他的问题，更感兴趣千百倍。”是这样的，人都有需要倾听的心理，因此，有一个善于倾听的好朋友是我们人生中最宝贵的财富。而我们也要做善于倾听者。

♡ 爱心最直观的表现——微笑面对他人

对于每个热爱生活的人而言，在生活中，经常微笑是非常重要的，毫不夸张地说，微笑的价值有时甚至能超越财富。

人每天都会微笑，爱生活、爱世界的人，无论对朋友还是对“对手”，都会展颜微笑。他们认为每个人身上都有值得欣赏的方面，所以，要表达出自己那发自内心对世界、对人生、对他人的友好之意——微笑。微笑代表着认可、肯定、关心、赞扬……我们既是微笑的付出者，也是受益者。这种爱心最直观最明了，体现着真诚。微笑是我们能够赠予别人的最为廉价的礼物，却具有震撼人心的力量。那些沐浴在我们笑容中的人，内心是何其的温暖。

微笑能为一个人带来美好的心情，也可增强一个集体的向心力，凝聚力。

有这样一个例子：

一个企业主管兢兢业业，业绩很突出，但长期以来一直没有被重用，他非常委屈，于是问老板为什么不能提升他。

老板直截了当地回答他说："因为你缺乏团队精神。"

这个主管听了，吃惊地问道："怎么会呢？我一向很尽忠职守啊！"

老板一针见血地说："但是我发现你在领导的团体中，几乎很少对下属微笑；在你的团队成员中，大家彼此之间也缺乏关心和笑容，这说明大家工作得不是很快乐。"

你以为这是一则笑话？错了，这是一则发生在美国的真实故事，而这个故事被《呆伯特法则》的作者史考特·亚当斯画进他的漫画里。

《呆伯特法则》，由于写实地反映了现代办公室底层的真相，在出版的当年，就成为美国上班族最热烈讨论的话题之一，并盘踞畅销书排行榜长达一年之久。

以微笑服务称誉于全球的希尔顿旅馆，之所以能够赢得赞誉、树立口碑，正是因为客服人员那温暖如春、让来客们有宾至如归的笑容。其微笑服务的理念是这样建立起来的。

希尔顿于1887年生于美国新墨西哥州，其父去世之时，只给年轻的希尔顿留下了2000美元。希尔顿加上自己的3000美元，只身去德克萨斯州买下了他的第一家旅馆。

当旅馆资产增加到5100万美元的时候，他欣喜而自豪地告诉了母亲。然而，母亲却淡然地说："照我看，你跟从前根本没有什么两样，事实上你必须挣出比5100万元更值钱的东西。除了对顾客诚实之外，还要想办法使每一个住进希尔顿旅馆的人住过了还想再来住，你要想一种简单、容易、不花本钱而行之长久的办法去吸引顾客。这样你的旅馆才有前途。"希尔顿听后，苦苦思量：究竟什么"法宝"才具备母亲所说的"一要简单，二要容易做，三要不花本钱，四要行之长久"这四大条件呢？

终于，希尔顿想出来了："这个法宝一定是微笑。只有微笑具有这四大条件，也只有微笑能发挥如此大的影响力！"于是希尔顿制定出他经营旅馆的三大信条：信心，辛勤，微笑，他要求员工照此信条实践。同时要求员工，不管如何辛苦，必须对来客保持微笑。因为他相信：微笑将有助于希尔顿旅馆世界性的大发展。

从1919年到1976年，希尔顿旅馆从一家扩展到70家，遍布世界五大洲的各大都市，成为全球最大连锁规模的旅馆之一。57

年来，希尔顿旅馆生意如此之好，财富增加得如此之快，其成功的秘诀之一，实赖于服务人员“微笑的影响力”。希尔顿旅馆总公司的董事长，89岁高龄的康纳·希尔顿在50多年里，不断到他分设在各国的希尔顿旅馆视察业务。他每天至少与一家希尔顿旅馆的服务人员接触。他向各级人员（从总经理到服务员）问得最多的一句话，必定是：“你今天对客人微笑了没有？”

以微笑服务的理念经营企业，怎么可能不让客人感到温馨备至而赢得他们的忠诚选择呢？难怪希尔顿旅馆的连锁店遍布全球，很多回头客都对他们的服务感到满意和贴心。

现今，紧张高速的生活节奏，时常让很多人像盲蚁一样匆匆忙忙，跑来跑去，担心这个，烦恼那个，很难发自内心地露出舒心开怀的笑容。很多人不但让忧愁代替了笑容，而且忘了微笑的重要性和意义。站在繁忙的街头，让我们观察一下来往行人的表情，看看有多少人是在开心地笑，看上去快乐满意；又有多少人是在愁眉苦脸，看上去忧心忡忡。

著名的心理学家詹姆士·沃尔什博士曾经指出：爱笑的人平均寿命比不爱笑的人要长。现今，医学也证实，健康与笑容有关。忧虑是摧毁现代人健康的无形杀手。

如果你是一个爱世界，爱生活的人，那么常微笑吧，这也是展示爱心的一种表示，同时要笑得灿烂，即使疲惫、忙碌，也要笑一笑，给心灵放个假。

记住：热爱生活，全身心地拥抱生活，开心地面对每一天，千万别把自己弄得面无笑容。一个人可以没有资产，可以没有显赫的地位，但只要对生活充满乐观，时常微笑，让笑的阳光洒进自己和别人心里，那么，他就是一个有魅力的人，他的生活中就会充满快乐和希望！

♡ 把挫折和逆境当作改变人生的动力和机遇

人在这个世界上生活不是件容易的事，虽然人是有智慧、有情感的高等生物。但既然来人世一趟，就不能辜负有限的生命，一定要成为热爱生活，追求快乐生活的乐观主义者。虽然有人安于平静生活，有人向往充满挑战的生活，但你无法断言哪种生活是成功的生活，也无法肯定当一个人达到了某种目标之后会不会快乐，而有一点可以确认，那就是人生的很多快乐是建立在不断地追求与迎接挑战、战胜失败的过程之中的。也就是说，一个人在他的目标不断地向远处推移、追求成功的过程中，会得到更多的满足和快乐。

哥伦比亚著名作家、1982 年诺贝尔文学奖得主、《百年孤独》的作者加西亚·马尔克斯，当他被全球 18 位权威文学评论家推选为当今世界上最伟大的 10 位作家之首、接受采访时说了一段出乎众人意料的话："我非常感谢诸位尊敬的文学评论家对我的厚爱和鼓励。我非常珍惜随着我的声誉而来的各种荣耀；但是，我更珍惜从我童年起就经受的种种打击、挫折乃至失败。我至今仍然清楚地记得伟大的编辑家吉列尔莫·德托雷先生，是他毫不留情地退回了我的第一部小说……"

原来，早在40多年前，马尔克斯22岁那一年，呕心沥血完成了他的第一部小说《枯枝败叶》。今天的文学评论家对这部书的评价非常之高，但是在当时，它的这部书稿却屡遭厄运。当他把这部书稿送到阿根廷布宜诺斯艾利斯著名的洛萨达出版社后不久，便收到该社审稿编辑、西班牙著名文学评论家吉列尔莫·德托雷寄来的退稿，其中还附有一条措辞生硬的评语："此书毫无价值，但艺术上似乎有可取之处。"

另外，这位伟大的编辑家还忠告作者最好改行从事其他更有价值的工作。在这位伟大的编辑家眼里，马尔克斯在文学方面不是天才，而是个庸才。而马尔克斯却认为德托雷是伟大的编辑，在他看来，德托雷的伟大之处就在于他"逼出"了自己的创作热情和韧性。德托雷的退稿，反倒让马尔克斯在挫折与失败的压力下咬紧牙关，逆风而行，顶浪而上。终于，他攀上了世界文学的高峰，成为世界上最伟大的作家之一，摘取了诺贝尔文学奖的金色桂冠。

由此可见，人生之路不是一帆风顺的，人在逆境之中更要坚强，面对失败，应坦然接受，绝不能采取自甘沉沦的行为，甚至自暴自弃，这都是不自爱的表现。

不自爱对自己的人生不仅是一种辜负，也是对自己前途一种不负责任的态度。失败对每个人来说都是人生中必然要经受的考验，只不过有些人经历得早些，有些人晚些；有些人多些，有些人少些；有些人沉重些，有些人轻些罢了。但不管怎样，一个热爱生活的人即使经历重重失败与挫折的打击，也绝不会轻言放弃，更不会让自己沉沦或自甘堕落，而是努力从中摸索经验，找到适合自己重新前进的方法，不断修正、调整自己前进的步伐。

微软电脑公司的比尔·盖茨在用人上有个不同寻常的思路：他喜欢雇用那些曾经有过不少失败经历的人。对此他解释说："那表示他们能够承受挫折的打击，从这些人怎样对待问题的态度就可以看出他们坚韧不拔的信心和应变能力。"

比尔·盖茨所说的这番道理也就是我们俗话所说的"打不倒、压不垮"。人如果能及早地把失败转换为宝贵的经验，就可以避免失败的第二次打击，也将减少人生旅途中许多的曲折和迂回。也就是说，一个人如果在战胜挫折和失败的逆境后重新起航，就会变得更加坚强而有智慧了。

那么，当我们陷入失败的逆境中，应该怎样做才能让我们坚强地承受考验，坚定迎难而上的决心呢？下面几点可供参考。

(1)保持乐观和希望。

遇到失败时，一般人往往会失去自信，但热爱生活、适应能力强、不屈不挠的人却仍充满信心地迎接生活中的每一次挫折和失败的洗礼。宾州大学心理学教授马丁·塞力曼研究过三十种行业雇员的表现后这样说："能够重新振作起来的都是乐观的人，他们认为：我这个问题，不过是暂时的，只要从中获得了有益的东西，我的明天会更好，而悲观的人通常不能东山再起，因为他们在经历了一两次失败后便认为自己会一败涂地。"

其实失败并没有什么大不了，这是人生必然的经历，如果你被暂时的失败打垮，那只能说明你是个懦夫。面对失败，我们首先应该做的就是依然保持乐观和希望，这样才能激发自己不断努力、坚定地向成功迈进的信心，你的人生才有希望。

(2)在逆境中奋发向上，勇于冒险。

1984年，可口可乐公司面对产品滞销的局面，公司董事会主任西吉奥·齐曼负责扭转可口可乐对百事可乐的劣势。齐曼的策略是改换可口可乐的配方，取名为"新可乐"，并大肆宣传。但他过于自信，犯了一个致命的错误，那就是没有在市场上继续推销旧可乐。

新可乐销售才79天，旧配方的可口可乐就重回超级市场，易名为红可乐。齐曼大受打击，一年后离开可口可乐公司。

齐曼离开可口可乐公司后，有14个月没有和该公司的任何人来往。他后来在接受采访时说："那时候我很寂寞。"但他没有断绝与社会上的其他人接触。他跟人合伙开了个顾问公司，设在亚特兰大他家的地下室，设备简单，只有一台电脑、一部电话和一架传真机，他的处境虽然不佳，但他并不灰心，他的座右铭是：迎难而上，勇于冒险。

后来，可口可乐公司面对不景气的市场，再次征求他的意见，聘请他回去。管理阶层告诉他，他们需要人帮助整顿业务。可口可乐总裁罗伯图·戈雪艾特也说："我们曾经不容许职员犯错误，因此后来逐渐失去了竞争能力。但一个人哪能不犯错呢？在行动时虽然有可能跌倒，只要爬起来就行。因为毕竟是为了走得更好。"齐曼回去了，后来，齐曼的改革成功了，可口可乐一举冲破了市场的低谷，在碳酸饮料中站稳了脚跟，与竞争对手百事可乐在市场上平分秋色。

(3)订下具体目标。

目标越具体越好，只要有目标，人就有动力。

简·莱斯利是美国商界的一个传奇人物。他在1960年是世界十大网球好手之一，当时这个高大结实的丹麦网球名将说："我的目标不是成为世界冠军，而是在温布顿中央球场上比赛，我每次练球，都会想象自己在温布顿打球，嗅到草地的气息，听到观众的喝彩声。”

1969 年，莱斯利终于进入温布顿中央球场比赛，结果却败于洛德·雷佛。但是，莱斯利不气馁，终于在他比赛的职业生涯中赢得了在温布顿中央球场比赛的冠军，实现了他梦寐以求的目标。

二十年后，莱斯利成为施贵宝公司的董事长，后来莱斯利被挤出局。他花了一年时间在普林斯顿大学修读宗教和哲学课程，但从未放弃要做总裁的目标。到了 1994 年，莱斯利终于取得史密斯奇连·毕湛公司总裁的职位。

莱斯利确实值得我们敬佩和学习，他以坚定的斗志、顽强的意志向着自己订立的目标前进，直到把心中的理想变成具体的现实，而他的成功，完全是受具体的目标鼓舞而坚定努力的结果。

(4)时艰能屈。

一个人经历过逆境有助于使他适应环境和失败。纵观很多成功人士的经历，虽然经历过失败中的尴尬、不自在、难过，但却是一步步在迈向成熟和成功。

历克·米勒今天是美国电话电报公司的最高财务管理人，他曾在破碎的家庭中长大：父母离异，父亲经常酗酒。他的成长经历和创业史让他很早就知道，世事不能尽如人意。

到 1989 年，米勒已成为行业内顶尖人物，极负盛名，以擅长逆转公司颓势见称。他曾受聘于王安电脑公司，以挽救其免于破产的危机，可是该公司的问题比他所想象的困难要多得多。王安公司业务始终不振，米勒只好承认失败。

后来，米勒成为美国电话电报公司的高级财务管理人员之一，此机构的总裁罗伯特·雅伦和他首次会面时便告诉他："我认为你在王安公司的经验对我们是非常有利的条件。"事实证明，米勒的确在以后的事业上越来越出色。在美国电话电报公司，米勒曾问那些担心失败的年轻职员能否大声对着镜子说："我已竭尽所能。"并告诉他们，要是能够的话，不论结果如何，都会成功。

可见，能屈能伸的人才能走得更好，才能达到成功的彼岸。

(5)敢于面对风浪。

有这样一个例子：

伯尼·马库斯是新泽西州一个俄裔穷家具匠的儿子。他的朋友阿瑟·布兰克在纽约市皇后区中下阶层地区长大，小时候与不良少年为伍；15 岁时他父亲去世。布兰克说："我在成长过程中形成了一个观念：生命中难免有狂风骤雨。"

1978 年，布兰克和马库斯一起在洛杉矶一家五金零售店工作，在工作了几年之后，这个五金零售店因经营不善破产了，他们遭新雇主解雇。正当他们不知如何是好时，一个偶然的机会，一名从事投资的朋友建议他们凭借多年的工作经验，自己创业，他们也觉得“这个主意并不狂妄。”

于是，马库斯和布兰克立即着手，开始接手经营一家他们以前觉得难以“应付”的五金零售商店——这家店规模庞大，装潢朴实，服务优良，货品齐全。接手后他们以全新的经营理念、周到的服务赢得了客户们的认同。今天，他们的家庭用品公司是家庭用品业中效益增长最快的公司之一。

马库斯每次与其他企业家会面闲聊时，总会有人问他：“你在创业中可曾有过感到绝望的时候?”他总会说：“有啊，不过我认为，一个人经历过挫折和失败的痛苦后，才能培养出坚强的性格，才能增长他的智慧。”

是这样的，一个人只有经历过失败和痛苦的考验，性格才能更加成熟，才能为日后的成功积累经验。

(6)将痛苦转换成为动力。

澳洲首富之一的工业巨子、JAAT集团公司的一号人物杰米的人生经历坎坷感人，但他一次次地将痛苦转换成为前进的动力，最终拨云见日，迎来了属于自己的一方晴空。

三十年前，杰米是一个破产的电动机厂经理，在法院通知他上法庭听候破产判决的那天，太太领着儿子与他离婚了。现实对他很残忍，他破产之后没有了房子、汽车，没有了妻子、孩子……没有了足以让他正常生活的一切。但是，杰米并没有被这种种打击击倒。虽然他也曾非常痛苦。但他敢于面对现实，杰米没有屈服于命运的捉弄，他开始了新的谋生，并一直努力寻找自己重新创业的新的模式。他在重新创业的过程中，每天都要总结这一天的成功之处，分析失败之处，久而久之，他养成了一个很好的工作模式——不惧怕失败，失败了就重头再来。

今天的杰米已成为澳洲首富之一的工业巨子、JAAT 集团公司的一号人物。杰米说："回顾我的成功，若没有那一次的破产打击，我是绝不会意识到生命中一些因素对我是何等重要的，例如，怎样面对打击和痛苦，怎样将痛苦与失败转化成激励我明确奋斗的目标，怎样看待生活的考验，怎样很好地、很有效地利用好每一天，还有我需要弥补、克服自身什么缺点，等等！"

最后，杰米总结道："挫折与失败的痛苦是我一生的财富，尽管我不希望经常拥有这笔财富，但我要永远利用这笔曾属于我的财富，为我去创造更多的经济资源！"

无可否认，杰米是一个有智慧的人，他将不幸牢记在心中，随时随地激励自己去干好工作，最终，东山再起，他战胜了挫折，迈向了更加辉煌的成功。

所以，我们不管经历什么样的失败，不管承受多么大的挫折，一定要记住：暂时的失败和挫折并不可怕，人只要不绝望，坚定信心，就完全可以把挫折、痛苦当作走向成功的转机。厄运并不总是致命的，失败的痛苦也并不总是存在，有时候，它们甚至就是一种“幸运”，一种难得变化的契机，因为它们“逼你”重新审视自己，调整方向。而当你一旦抛弃了失败的阴影，重树信心，重新踏上了选择的新路，成功就可能在前方不远处向你招手了。

生活的过程就是汲取经验和智慧的过程，人只要不断努力，生活是不会辜负你的。

♡ 立即树立自信，不让问题留在手上

一个人热爱生活与否的标准是什么呢?

美国社会学家曾做过一项深入的社会研究，在这项研究中，调查了从《美国名人录》中随机选出的1500名有突出成就的人对生活的态度。最后，他们的研究结果表明，成功的人都表现出许多相同的特性，比如采取明确的行动来使生活中的问题得到解决就是影响他们成功与否的很重要的因素之一。

一个人要想正视问题、解决问题，首先要有自信，自信心来源于对自己的尊重和对生活的热爱。一个人只有相信自己有智慧、有能力、有勇气接受生活中的挑战，才能最大限度地发挥自己的才智，在上面那项调查中，结果有77%的人给自己的评价是A级。A级是最高级，起初他们不见得比别人优秀，但他们知

道遇到问题时应该运用独立的意志力来采取明确的行动来解决问题，使生活不断迈向前方，最终，他们成功了。

那么，该怎样建立自信心呢？

(1)告诉自己一定行。

爱自己，便要相信自己。处于现今这个时代，如果你认为自己不行，很多事“做不到”，你将经常站在失败的一边。只有失败者才会将注意力集中在失败和缺点上。所以，有信心，就一定不会被问题绊倒。

麦克阿瑟在西点军校入学考试的前一晚紧张之至。他母亲对他说：“如果你不紧张，就会考取。你一定要相信自己，否则，没人会相信你。人要有自信，要自立。即使你没被录取，但你知道自己已全力以赴就行了。”发榜后，麦克阿瑟名列第一。

是的，当你相信自己能做出最好的成绩时，你不仅会发现自信力提高，而且会发现自信有助于你在任何事上的表现。

(2)要做最好的准备。

英国哲学家曾孟帝·赫尔说：“事实上我是一举成功的，但我花了二十年的时间才得‘一举’”。为我带来成功和自信的重要源泉之一，即为凡事做好万全准备的预先工作。

俗话说：知己知彼，百战百胜。比方说，在你向他人推销商品、构想时，让自己做好充足的准备是最好的方法，就是事先准备好无论在任何场合见面，都可以向对方提供他所能用到的东西，以及提供让对方接受的想法。还有，为了不使对方感觉浪费时间，事先想好采取什么样的话题、及与他人交流的方式，辅以适当表情表达出重点，如果能在事前了解对方的喜好那就更好了。

有这样一个例子：

一个名叫珊士的年轻人，面对一群古希腊的领袖演讲。当他步上讲台后，他的声音微弱结巴，他的态度畏缩，他的思想混乱。当他说完了后，听众嘘声四起，把他轰下台去。

但珊士并不气馁。“今后我决不做没准备的演讲!”他对自己说。从此，他大声对着爱琴海演讲来训练声音；他在晃动的剑下练习演讲，以训练勇气；他把小石子含在口中演讲，来消除口吃。一段时间后，他再次到集会中演讲时，他成了另外一个人——声调铿锵，感情真挚动人。

(3)把重心放在你最具优势的长处上。

发挥优势，把精力放在自己最擅长的地方。当你集中精力在你能表现最好的事情上时，你会觉得自信心增强。正如河流的力量能发电，能灌溉田地，产生财富，为什么呢？因为它将所有的运动集中在一个方向。

林肯认为自己虽然可以成为一个一流律师，但他认为选择做政治家更合适，因此，他以毕生的精力来完成这个使命，也在历史上写下了光辉的一章。

所以，不论你的能力是强还是弱，只要你不辜负生活中的每一天，不断增强自己的自信心，面对生活中的每个挑战不灰心、不丧气，生活一定会向你绽开灿烂的笑脸。

爱自己，就要克服消极的心态

♡ 学会爱自己——努力改变不良的性格

如果我们想要真正地爱自己，首先就要改正不良的性格。因为一个人一生中许多的困难和麻烦都来自性格问题，不良的性格使得人无法与他人和睦相处，也无法让自己获得真正快乐。

那么，什么是不良的性格呢？

首先是过分的内向。

性格过分内向的人常常缄默，感到孤独；对人比较冷淡，疑心重、有攻击性；僵硬死板、不善交际、缺乏自信。因此，具有这种性格的人往往不容易和别人搞好人际关系。

诚然，有一种和谐友爱的人际关系是世界上每一个渴望温情、渴望关爱的人所向往和需要的。可是，一些人因为思想封闭，性格过于内向，会使他心中爱的种子缺乏适宜萌发的温度。他们总是感叹生活之间缺少真情，缺少帮助，缺少爱，强烈的孤独感困扰着他们，折磨着他们，但他们从不真正审视自己的不良性格需要改变的地方，因此，他们一直走不出自己闭塞的心灵空间。

内向性格者常常是消极的、被动的人。这种人总是为自己人为地设置一道樊篱，将自己和外界隔绝开来，他们不愿意去参加社交活动，宁愿将自己封闭起来，不愿与他人发生联系，爱猜疑。这种人之所以缺少朋友，是因为他们在人际交往中总是采取消极的、被动的退缩方式，总是期待友谊从天而降。他们虽然生活在一个人来人往的世界里，却无法摆脱心灵上的孤寂。这些人，只做交往的响应者，不做交往的倡导者。长期的生活封闭，使他们体会不到这个世界的温暖，也享受不到别人友爱的阳光的照射。

要知道，别人是没有理由无缘无故喜欢你的，如果想别人喜欢你，只能是与别人建立良好的人际关系，开朗、热情、愿付出，这样才能摆脱孤独的封闭状态，而此前提是必须主动与他人交往。

心理学家研究发现，有两方面的因素是形成一个人不能与人主动交往而采取被动退缩式的不良性格的根源。

一方面，是怕自己的主动交往不会引起别人的积极响应，从而使自己陷入窘迫、尴尬的境地，进而伤及自己脆弱的自尊心。这是一种误区。

如果一个人长期处于这种消极的情绪体验中，就会闭目塞听、思维狭窄，进而丧失爱的能力。而实际上，在现实生活中，每一个人都有爱的需求和交往的需要，一个人如果主动地向别人传达爱的信息而对方却不及时响应的情况是极其少见的。试想一下，生活中如果别人主动地向我们示好，传达殷勤的问候，我们会冷漠地断然拒绝吗？恐怕不会——暖意融融的友情总比横眉冷对的老死不相往来要让人快乐得多。

互相的积极响应能让人与人之间、心灵与心灵之间相通，能让情情与情感碰撞，情感与情感呼应。而这种其乐融融的感觉，会相处得愉快而友好。

举例来说，如果留心观察，会发现这样一个非常有趣的现象：在火车上，假如坐在同一个包间内的几个人中至少有一个是主动交往的人，那么，这几个人就会从漠然相对而渐渐变得谈得热火朝天，一路上充满欢声笑语；如果这几个人中没有一个愿意主动和别人交往，那么，从起点坐到终点，他们就会始终处在无聊沉闷的气氛中，大家都默不作声，相处得别扭而尴尬。这样尴尬地面面相觑，当然比不上前者的其乐融融，不是吗？

所以，当我们尝试着走出自己的小圈子，主动先和别人打招呼、表示友好时，我们就会发现，与人交往是如此容易，人与人之间会充满关爱。

另一方面，一些人对首先敞开自己的心扉，主动与人交往有认识上的误区或疑虑。

比如，有的人认为“我先同别人打招呼，这有失我的尊严”，“我这样仓促冒昧地向别人表示友好，人家会不会烦呢?”“他又不认识我，怎么会和我交朋友呢?”诸如这些观念阻碍了很多人在交往中采取主动的方式去结识朋友，使他们失去了很多发展友谊的机会。其实，每个人都是有爱心的，为别人奉献爱心、提供帮助，往往是很多人愿意做的。

所以，我们要努力克服内向的性格，学会把自己的内心向外界开放，在交往中主动一点，大度一点。通过主动地从事社会活动，在人际交往中尽可能地多奉献自己的一份爱心和热情，这样才能体会到更多的温情和快乐，也能多享受生活中的美好，让生命更加有意义。当然，这也是我们的人生最有意义、最为成功的活法。

♡ 爱自己，首先要扫除内心的自卑感

生活中，一个人要想爱这个五彩斑斓的世界，首先必须爱自己。而一个爱自己的人，重要的心态就是能及时扫除自己内心的自卑感，让自己从悲观、失败等负面的情绪中尽快走出来。

生活中，每个人都会遭遇很多不幸的打击，如果我们失败了，是沉湎在消极情绪里不能自拔，还是坚强地投入新的生活？没有人能给我们答案，关键要靠我们自己去选择。

生活中那些爱自己的人，他们不会在失败中自卑地叹气、流泪，而是以豁达的心态尽快摆脱自己灰暗的情绪，重新振作，扬起信念的风帆。

那么，什么是摆脱自卑感的最好方式呢？那就是建立起强大的自信心。一个人若想消除自卑感的阴霾，就应像洒扫街道一般，首先将相当于街道上最阴湿黑暗角落的胆怯、恐惧、疑惑等消极的自卑心理清除干净，然后再种植上信心，并加以巩固。

下面是心理学家为那些时常有自卑心理的人总结出来的克服自卑的方法，供大家借鉴。

(1)正确地认识自己，恰当地评价自己。

形成自卑心理的最主要的原因是不能正确地认识和对待自己，因此要克服自卑心理，必须从改变自己对自己的认识入手。人要善于发现自己的长处，肯定自己的成绩，不要把别人看得十全十美，把自己看得一无是处。例如，可以经常这样做：回忆那些你经过努力做成功了的事情；对自己一些做得不对的事情，进行自我暗示——不要紧，别人也不见得就能做好，我再努力一些也许会做得更好些。

另外，要以他人对自己好的评价激励自己形成自信。我们常以他人为镜来认识自己，也就是说，如果他人对自己做出较低的评价，就会影响自己对自己的认识，自己也低估自己。因此，要注意捕捉他人对自己好的评价。事实上，不会所有的人都对你作较低的评价，赏识、了解、理解你的人总是有的，关键是要自己去用心捕捉，将捕捉到的好评价作为自我评价的系数，以增强自我自信的心理。

(2)分析自卑原因。

首先，你应观察自己的自卑感是由什么原因造成的。你会发现原来自己的自我主义、胆怯心、忧虑及自认比不上他人的感觉小时候就已存在，而自己和家人、同学、朋友之间的摩擦往往是由自卑的消极心态造成的。若能对此有所了解、认识，你就等于已经踏出克服自卑感的第一步了。

通过全面、辩证地看待自身情况和外部评价，你要对自己的弱项或遇到的挫折，持理智的态度，既不自欺欺人，也不将其视为天塌地陷的事情，而是以积极的方式去应对自己的弱项或挫折，长期这样做，你就会有效地消除自卑。

(3)直面内心的恐惧。

请牢记，对自己内心的自卑和恐惧绝不可放纵，你应正视自己的问题，从正面去克服。

譬如，你害怕在大庭广众面前说话，就应多在大庭广众面前与人交谈；如果你为了加薪问题想找上司谈谈，但因心生胆怯，建议你不妨一鼓作气走到上司面前，开门见山地要求加薪，不管怎样，这总算迈出了自信的第一步。

(4)扬长避短，发挥优势。

人通过努力奋斗，以某一方面的突出优势来弥补心理上的自卑感，往往会促使一个人在其他方面有超常的发展，这就是心理学上的“代偿作用”。即通过补偿的方式扬长避短，我们利用“代偿作用”，可以把自卑感转化为自强不息的推动力量。

比如，耳聋的贝多芬，却成为划时代的“乐圣”；比如，解放黑奴的美国总统林肯，补偿自己不足的方法就是通过自我教育方式，他拼命地学习，以克服自己因受教育不足造成知识上的贫乏和孤陋寡闻，尽管他吃了很多苦，也饱受了生活的坎坷艰辛，但知识的营养却滋养了他的身心，最后使他成了有杰出贡献的美国总统。

许多人都是在这种“补偿”的奋斗中成为出众的人的。克服自卑，树立信心；而有了信心，又可为你带来精神上和物质上的双重奖励，使你获得他人的赞美，进而得到心理上的更大满足。这些连续美好的反应，最终让你走上成功之路。

♡ 爱自己，就要克制虚荣心

你知道什么样的生活方式是最好的爱自己吗？不是人前出尽风头，占尽风光，让自己多么有面子，也不是拥有多么显赫的地位、名誉，而是在心里建立强大的自信和自尊，让自己活得有尊严，把自己的一生致力于为社会的发展、为文明的进步、为别人的幸福做点什么有益的事情。这样，你的每天都会是快乐而充实的。

可是，人性的弱点使虚荣心在很多人的心里潜滋暗长，虚荣也是不少人爱犯的一个致命的毛病。这是一种不良的性格，也是一种被扭曲了的自尊心。

法国文学家莫泊桑著名的小说《项链》描写了一个虚荣心十足的路瓦栽夫人，她为了在一次宴会上出风头，特地从女友那里借来了一条钻石项链。当她戴着项链在宴会上出现的时候，引起了全场人的赞叹，她出尽了“风头”，虚荣心得到极大的满足。但不幸的是，在回家的路上，这条钻石项链却丢失了。为了赔偿这条价值三万六千法郎的项链，她负了重债，当债还清时，她才知道，原来那条项链是假的，最多值五百法郎。这就是虚荣心招致的恶果。

让我们来分析一下为什么人容易产生虚荣心呢？这主要有以下两种情况。

一种是人的自尊心过强，迫切地希望得到别人的赞赏与肯定，特别关心自己在他人心中的评价。可是目前能力尚且达不到，因此，不得不打肿脸充胖子，想凭借小聪明一步登天，结果却事与愿违，跌得更惨。

第二种是有一部分人内心深处有一种潜在的自卑感。由于自卑，他们对于自己的才能缺乏信心，感到没有凭真才实学、实际才能取得荣誉、博得社会赞誉的能力；但又希望自尊心得到满足，于是自欺欺人地务虚不务实，满足于虚假的荣耀。

比如，有些人在学习上、工作上取得成绩并不突出，但却希望得到超过自己实际水平的赞誉。结果工夫没有下在实处，而是虚张声势，想方设法在“金钱”“地位”“相貌”上表现自己，逞能逞强出风头，甚至作弊掺假，结果在生活中遭受不必要的挫折或误入歧途。

虚荣心是害人匪浅的心理，因为它是自欺欺人的愚蠢表现，它很像是一个绮丽的梦。当你在梦中的时候，仿佛拥有了许多，但当梦醒来的时候，你却发现原来什么也没有。人拥有了太强的虚荣心，会使人变得虚伪，变得堕落。虚荣的人不一定缺少机敏，却一定缺少远见。虚荣者，容易轻浮；而轻浮者，容易受骗；而受骗者，容易受伤；而受伤者，容易沉沦。而许多沉沦，都始于虚荣。

那么，该怎样克服这种缺点呢？

(1)有正确的人生目标。

一个人追求的目标越崇高，对低级庸俗的事物就越不会倾注心思。这样，他不会刻意地追求世俗人眼中所看重的金钱、荣誉、虚名，却在为人类社会的文明、科技的进步、文化的繁荣倾注毕生的精力，无私地奉献着自己的一生。历史上许多伟人都不是很看重荣誉本身，他们在世人心中是真正的英雄。

居里夫人一生躲着亲人的赞美，她和丈夫认为科学不是为了个人的荣誉和私利，而是为人类谋幸福。一天，她的一个女友到她家作客，看见她的女儿正在玩一枚英国皇家学会奖给她的奖章，便惊奇地问她："居里夫人，现在能够得到一枚英国皇家学会的奖章是极大的荣誉，你怎么给孩子玩呢？"居里夫人笑了笑回答说："我想让孩子从小就知道，荣誉像玩具一样，只能玩玩而已，绝不能永远守着它，否则将一事无成。"

当居里夫妇发现镭后，为了使之尽快服务于人民，他们不顾生活还很艰难，立即公开了提取镭的方法，拒绝申请专利权。

第一次世界大战期间，居里夫人把 X 射线设备装在汽车上，奔走在战场各处巡回医疗，挽救了大批受伤士兵的生命。但她长期在条件很差的环境里忘我工作，致使有害物质严重侵害了身体，得了恶性贫血病。然而即使在生命垂危时刻，她也没有对一生的磨难与不幸有丝毫抱怨。1934 年，67 岁的她带着一双被镭严重灼伤的手离开了人世。爱因斯坦称赞居里夫人，说她是“不为荣誉所腐蚀的人”。

可见，一个人的名誉和在人们心中的分量不是一定要靠外在的标准或荣誉限定的，荣誉的光环一定会戴在那些不求名、不求利，却无私为人类做出贡献的人的头上。

（2）学会正确认识自我。

爱好虚荣的人在与周围各种各样的人的接触中，非常注重人们对自己的态度，并且，他们常常过滤掉那些对自己不好的评价，只留下夸奖之辞，并在这个基础上形成自我形象，达到自我认识，也就是说，他们对自己的形象的建立和认识，常常在与他人的接触、他人对自己的判断和评价中形成。这种自我认识的方式，在一定程度上有利于深入认识自己，然而由于缺乏主见和过于依附他人的观点，有时容易模糊自己对自己的准确认识，盲目产生乐观情绪。人如果不虚心，不低调，极易产生虚荣心理。因此，要克服虚荣心，必须学会正确认识自我。

自我认识法是认识自我、剖析自我的最好方法，通过自我体验来了解自己的心理状态，承认自己的能力，坦白自己有不能干的方面，这样许多虚荣的做法就能避免。人只有充分认识自我能力及自身状况后，才能极大地发挥自己的能力优势，使自己的行为更加规范，语言更加合理，人也更加适应外界环境和社会要求，当然，所有这一切都是建立在人们克服了虚荣心理，正确地解决了荣与辱这一人生课题之上的。

(3)追求真实的荣誉。

社会上的一切物质和精神财富皆是劳动的创造，“天上掉不下来馅饼”，这个道理是很浅显的。因此，我们不应希望什么不经过努力就可以得到财富和荣誉。一切虚假的荣誉皆会因为违背了人类社会的基本准则，没有生存的基础，不但最终会丧失，而且自己也会受到惩罚。

“图虚名，得实祸”是客观规律。人只有通过自己的劳动和创造为社会做出贡献而得到的荣誉，才是真实可靠的。

♡ 学会更好地爱自己，摆脱失落感

人在生活中，经常会产生失落的情绪，失落是一种角色的错位，也是一个不懂得爱自己的人习惯的心理误区。

也许你现在的生活并不是你想要的生活，但不管怎样，还是要充满信心地努力把眼前的事做好，为将来的前途打好基础，这样才能越活越有滋味，越活越有意义。所以，一个人不管在什么时候，都要尽量摆脱失落感，这样才能更好地生活。

下面我们来分析一下产生失落感的原因。一般地说，一个人产生失落感的原因主要有以下两点。

(1)不能适应自己在生活中角色的转变。

一个人一旦失去了原来已习惯的生活中自己曾经的角色时，很容易产生失落感。

比如，一个青年学生已经习惯了学校生活，但他离校之后必须参加工作，一旦他离开久已默契和合拍的“象牙塔式”的生活之后，便很难在尘世的喧哗中找到自己的角色，虽然勉强找到了工作，但未必是适合自己心意的，此时他容易在内心中产生强烈的失落感。

世界是五彩缤纷的，我们有足够的理由热爱生活，因此，为了不让自己失落与悲观，我们要尽快适应不同的环境，根据不同的环境转变我们的人生角色，这样，我们就可以随时随地找到快乐，也把快乐带给他人。

(2)理想与现实相差得太远。

当一个人在生活中找不到适合自己的位置时，常会有一种被生活遗忘的感觉，以为自己是个“多余的人”。

比如，有些年轻人，总以为自己眼前的工作不适合自己，像有人对文秘不感兴趣，有人以为自己可做个部门经理，而实际上他又无什么专长，这样高不成低不就的状态，只能让他由一个公司跳到别一个公司。最后自己感慨自己“心比天高，命如纸薄”。

有位哲人说，期望越高，失望越深。此语颇有道理。

假想一下，当你对生活抱着种种美梦般的幻想，比如，你期望拥有一份舒适的工作，最好是任某大公司的总裁之职；比如，你期望有一个美丽的妻子；你期望有一个幸福的家庭，儿子可爱，女儿美丽，且都聪颖过人……总之，你期望拥有世间的一切美好，但当你向现实生活走来时，过高的、超出你实际能力的期望如美丽的肥皂泡一样一个个破碎了，于是你的失落也就会因此而生成。所以，那些太多且不合理的期望，实际上由于没有正确地、理智地认识自己所造成的。

那么，该怎样避免让自己陷于失落的心理呢?

(1)积极扮演好自己目前生活中的角色。

前面我们说过，如果不能适应角色的转变，就会产生失落感。所以，要根据不同的环境，积极扮演好自己的角色，这样会使自己感到充实，也有助于发现自己的才能，找到更适合自己的位置，进而实现自己的人生价值。

(2)多结交志同道合的朋友。

人生中如果只有应酬而没有友爱，就会让人感到生活无趣和乏味，进而产生失落心理。试想，若把你抛进喧嚣的人海，整天都得面对着人群，点头、微笑、说话、应酬……那你慢慢地也会心烦意乱。而如果身边有了志同道合的朋友，一起谈理想、谈抱负、相互鼓励，彼此扶助，共同前进，那么，还会这样吗?当然不会。所以，多多结交志同道合的朋友，是摆脱失落感的良药。

上述几点请牢记，如果你经常在失落的阴影中徘徊，请试试这些方法，看看能否让你摆脱内心的郁闷，让生活更阳光一点，更快乐一些!

♡ 热爱生活，战胜孤独感

孤独常常是困扰人们的一种负面情绪。虽然世界上不乏关爱的温暖，但处于孤独中的人的内心依然会寒冷如冰，心如死灰。这种人无法打起精神来做事，更谈不上热爱生活、热爱自己了。他们整日无精打采，寂寞无聊，身体就像一幅没有神采的躯壳。

那么，什么是孤独感呢？

一位心理学家认为，孤独并不是独自生活，也不意味着就是独来独往。一个人独处，可能并不感到孤独；而置身于大庭广众之中，未必就没有孤独感产生。

真正的孤独，往往产生于那些看似忙忙碌碌，交往的人也不少，但内心深处却和别人没有什么真正情感与思想交流的人中。孤独的人对谁都戴着一张面具，甚至对亲人、伴侣和朋友也是如此。虚情假意、逢场作戏的多，真心实意的少。他们不愿坦诚自己的内心，付出自己的爱，事实上，由于总是处处自私地考虑自己，而不关心别人，甚至把爱当成一种交易，最终成为情感的计较者。这种人与其说是不会爱别人，不如说是不会爱自己。

那么，人该如何战胜孤独呢？

(1)不必为了自己跟别人不一样而忧思重重。

因为自觉跟别人不一样，所以就不敢跟别人接触，这是自卑心理造成的一种孤独状态。这就跟作茧自缚一样，要冲出这层包围着你的黑暗，你必须首先咬破自卑心理织成的茧。

其次，大可不必为了自己跟别人不一样而忧思重重，人人都是既一样又不一样的。只要你爱自己，就会充满自信，就能钻出自织的"茧"，多与别人诚心交往，你就会发现与人相处并不是一件难事。

(2)主动与外界交流。

热爱生活的人会觉得世界上有很多乐趣。人都是有情感的生物，每个人内心都渴望爱，当你感觉到孤独的时候，翻一翻你的通讯录，也许你可以给某位久未谋面的朋友写封信，或者，给哪一位朋友挂一个电话，约她去看一场周末新上映的电影；或者请几位朋友来吃一顿饭，你亲自下厨，炒上几个香喷喷的菜，这都别有一番情趣。要知道，别人也都跟你一样，希望体会到友谊的温暖。所以，跟朋友们多联系，不应该只是在你感觉到孤独的时候。

(3)为别人做点什么。

有时你和他人相处时也会感到孤独，甚至会超过一个人独处时的数倍。这是因为你跟周围的人格格不入。就如同突然来到一个语言不通的国度一样，你无法和周围的人进行必要的交流，你也无法进入那种热烈的气氛里面，你不由自主地觉得自己很孤单，而他们之中那种热烈的气氛更是衬托出你的被冷落。人要打破这种尴尬的局面，唯有“忘我”。想一想你能够为人家做点什么，如果能身体力行，你将发现，融入他人之中不再是难事，自己的内心会变得充实和快乐。

(4)多做公益之事，多做奉献社会之事，享受自然之事。

生活中有许许多多的公益活动都可以展示你的爱心，让你忘掉自己的寂寞。走入社会，多参加公益活动，和更多的人接触，既是奉献爱心的一种方式，也是充分领略每一处似曾被我们忽略的生活之美，让我们的心灵富足而充实的方法。这种境界的快乐，不是那些只蜷缩在自己壳子里的人可以享受到的。

除了步入社会这个更大的天地，还有一种好的方法可以让你摆脱孤独，那就是让自己融入自然。当你郁郁寡欢、不能够对人倾诉时，如果被清爽的江风吹着，到辽阔的原野上放松下自己，心情就会渐渐地开朗很多，你会觉得，自然界是慷慨的，你有很多的朋友——江水、岸边的小花、飞鸟……这些活生生的生命，它们都是你可以倾诉心声的朋友。

(5)确立你的人生目标

每个人内心深处都渴望得到关爱和温暖，害怕自己与人不能交流，害怕被别人排斥，害怕在不幸的时候孤立无援，害怕自己的思想得不到旁人的理解……这都是因为内心害怕不能融入社会和人群的恐慌心理所致。人要想从根本上克服内心的脆弱，最好莫过于给自己确立一些目标和培养某种爱好。一个懂得自己想要成为什么样的人是不会感到孤独的；同样，一个活着而有所爱、有所追求的人，也是不怕寂寞的。这样的人不管在哪里，总是能以自己热情昂扬的生活态度和友好和善的性情形成自己独特的人格魅力，感染和吸引周围的人和自己成为朋友，因为他们在实现自己的人生目标中，也把自己的爱奉献给了他人和社会。

♡ 做个自尊自爱的人

一个懂得自尊自爱的人，不会因一两次失败就心灰意冷，自暴自弃，而是会更加坚定地努力进取，拥抱生活中的每一缕阳光。

孩子蹒跚学步，是在摔过无数次跤之后健步如飞的；初学游泳者是在呛了无数次水之后成为“浪里白条”的。生活中，我们要考虑的不是如何避免失败，而是应该如何面对失败。如果我们对失败有了正确的认识，而且对失败采取了正确的态度，那么，我们就不会被失败所打倒，屡经失败而不悔的坚强毅力也就自然产生了。

有句“老掉牙”的格言叫“失败为成功之母。”如果深入思索一下，我们就不难发现，它的界定似乎还不够全面和准确。因为不是所有的失败都会成为“成功之母”的。试想，如果说失败了却不能善待失败，不能从中找出原因，吸取教训，对症下药，另作求索，而是失败了也无所谓，甚至自欺欺人地找些借口，诸如什么“交学费”之类等来掩盖失败，自己原谅自己，那不就只能是“失败复失败”吗？此类事生活中并非鲜见。所以，智慧的人会从失败中学到教训；而屡次失败者一败再败，是因为他们不能从失败中获得任何经验。“善待”失败者，学会对失败的原因深究，从而制定可靠的举措，才有成竹信心在胸，才能不重蹈覆辙。人只有“善待失败”，才会让失败成为“成功之母”。

失败对于一个天才是一块垫脚石，对于能干的人是一笔财富，对于消极者却是一个万丈深渊。

一位员工向老板抱怨他没有升级，“我在这儿已做了 30 年，”“我比你提拔的许多人多了 20 年的经验。”

“不对，”老板说：“你只有一年的经验，你从自己的错误中，没学到任何教训，你仍在犯你第一年刚做时的错误。”

好悲哀的人！但生活中这样的人还真不少。虽然“失败为成功之母”，没有失败，没有挫折，就无法成就伟大的成功，但前提是即使是一些小小的错误，你都应从其中学到些什么。

美国通用汽车公司在选拔部门经理时，总裁在面试时向候选人提问：你们怎样避免失败？

有的人便设想各种理由来避免失败；有的人则设想不出面对失败的充分的理由，只有少数人提出失败不可避免，但应想办法不重蹈覆辙，持最后一种观点的人被录取了。

总结挫折的经验教训，要从两方面着眼，一个是认真分析客观原因；另一个是努力查找主观因素。人要把重点放在总结自己的不足和失误上。针对挫折，冷静地、实事求是地进行思考各方面的原因，要反复地进行内心的“自我谈话”：例如，除了客观因素之外，我的主观因素是如何造成挫折的？我自己在挫折中应当承担什么样的责任？这样，逐项逐条地把原因搞清楚了，也就总结出了挫折的经验和教训，从而切实避免同类的挫折不再发生。

日本理研光学公司董事长市村清是位举世闻名的企业家，年轻时曾是一名保险外销员。有一次，市村清劝说一位小学校长投人寿保险，跑了10趟却依然毫无收获。他疲惫不堪地对妻子说：“我实在不愿再干下去了。我马不停蹄地奔跑了三个月仍是一无所获。”妻子爱怜地看着他：“你为什么不再试一次呢？或许这一次就能成功呢？”妻子的话深深触动了他。第二天他抱着“再试一次”的决心，又来到小学校长家。这次，未等市村清开口，小学校长竟十分痛快地答应下来了。

这次成功以后，市村清的信心更足了。三个月后，他就成了九州地区最优秀的外销员。每当谈及自己的成功经验，市村清总是意味深长地说：“我永远忘不了妻子的那句话——你为什么不再试一次呢？”

是的，为什么不再试一次？!

许多人往往不能认识到表面上的失败从长远看很可能是有益

的。在他们看来，要么失败，要么成功，既然失败了，那就不会成功。而事实上，事情的结局并不能作“要么成功、要么失败”的简单划分，介于“失败”和“成功”之间的情况是无穷无尽的，在“我失败了三次”和“我是个失败者”之间的我是有天壤之别的，而且，心理上的失败很容易造成实际上的失败。一个人面对失败，只要心理上不屈服，他就没有真正失败。有些人功亏一篑，亏就亏在心理的失败上。如果你在失败时，仍能表现得像一个胜利者，信心十足，充满干劲，那情况就会大不一样。别人会认为，你的失败是环境所致，你是一个失败的强者，你会继续干下去，直到取得胜利。由此可见，在复杂的生活现象中，失败者和成功者这几个字很难恰当地用在一个复杂的、活生生的、总是在变的人身上，它们只能用来描述某个特定时间、特定地点的情况。此时的成功可能连着彼时的失败，这项工作的失败也许正蕴含着另一项工作的成功。而对事情只作“成功”和“失败”的机械划分，是十分有害的。

许多人在看到别人的成功时羡慕不已，嚷嚷着要敢于冒险，却对自己行动中哪怕是微不足道的一点失败都沮丧不已，这算不上“大丈夫”的行为。人要想成就大事业，就不能害怕和失败打交道。一位立志改革的人说：“如果我不会出错，那么我就不是在探索。”

美国有一家鼓励创新的企业，鼓励创新的内容之一就是“允许失败”。这家企业的负责人说：“只要你不心甘情愿地接受错误，你就不能创新。如果你拒绝了失败，实际上你也就拒绝了成功。”这里所包含的就是胜和败的辩证法。

还有的人之所以害怕失败，是因为不懂得到底怎样才能“吃一堑，长一智”。失败除了带给他沮丧以外，没有给他带来任何有益的东西，因而他也就自然而然地把失败看成可怕又糟糕的事。可是反过来想想，失败本来就不会让人高兴，所以一旦你学会利用它，它就会为你今后的人生做出积极的贡献，这比起重复过去的成功来，失败是个很好的老师。

重复过去的成功不见得使你学到新东西，而失败则肯定能给你以新的教益。你可以从一个组织的一团糟的聚会中学会怎样组织一个成功的聚会，你也可以从一系列失败的方案中理出比较可行的、比较成功的方案。总之，只要你动脑筋解剖失败，从失败中挖掘教益，你就能更快地从失败中走出来。

那么，应该怎样面对失败呢？

(1)别为自己挂上“失败者”的标签。

失败不仅是结果，它还是态度。当事情办糟的时候，不要本能地为自己挂上“失败者”的标签。你怎样描述自己，你很可能就会变成那个样子。反复多次地自称为失败者，不仅意味着将成功无望，而且还会限制自己的潜能。

（2）学会理智地面对失败，永不服输。

对待失败的唯一正确态度是必须正视失败，研究失败，在失败面前不气馁；还应主动地分析失败的主客观原因，端正前进的方向，只有这样，才能败中取胜。

有一位青年企业家经营的建筑公司业务很不景气，企业处于濒临倒闭的状况。他当时才25岁，他不愿宣告破产，于是向家里借了一些钱处理了善后事宜。后来，他又继续献身建筑业，努力学习管理的诀窍，并“壮着胆子”贷了一笔款子，重新经营起他的企业，为了使自己再遇到困难时能顺利渡过难关，他还和数家银行建立了良好的信用关系。

这个企业家谨慎地扩大自己新公司的业务，他甚至还参加了大学商业管理等课程的学习。1988年，他终于获得成功。即使如此，他也从不自我满足，他时常用过去的窘境激励自己，他说：“对于所取得的成绩，我不敢有丝毫的自我满足，我总是努力改进我的业务，使它百尺竿头，更上一层。”

正是由于怀有这种态度，并经过失败的磨砺，他才使自己在后来的岁月中保持了长足发展。如果你能做到这一点，相信你也一定会成功的。

人不论在什么时候发生了什么事情，都要记住：厄运与幸运往往是交替出现的。“失败”包括“危险”和“机会”两种含义。当幸运来临时，你固然要把握它，利用它；而当事情开始向坏的方面转化时，或者当所谓厄运当头的时候，你也要当机立断地采取行动，将厄运的影响降低到最小，并努力摆脱它所带来的阴影，让生命开始新的征程。

思考，勇气，再加上努力的行动，失败就会对你无可奈何，而幸运就会经常光顾于你。持续的努力总会带来丰硕的结果——成功的真正来源就在于此。

♡ 热爱生活的人不会“倒下”

生活中，你有没有问过自己：我是一个热爱生活的人吗？要回答这个问题，请先来看看著名的黑人领袖马丁·路德金的名言：“这个世界上，没有人能够使你倒下。如果你自己的信念还站立的话。”

是的，失败似乎是每个人生活中都在所难免的事，但没有必要为此就对生活和前途丧失信心，整天忧心忡忡，在以后的岁月中不敢向未知的风险挑战；更没有必要在做出决断的时候心里还惦记着先前的失败而举棋不定。只要怀有信心，勇往直前，把对失败的忧虑减到最小的程度，一次次地去争取成功，每天的日子就会灿烂，阳光依然会照进我们的心里。

虽然作为普通人，我们的心理还没有强大到像卡耐基、林肯、爱迪生等那些虽经万难而不悔、矢志不移的地步，但是，如果我们爱自己、爱生活中的每一天，那么，就会在具体到对待失败的态度上，不为失败、挫折找借口，而是做到以下几点。

(1)不总是去缅怀过去的失败。

如果在生活中，我们总是缅怀过去的失败，就永远不会快乐。热爱生活的人永远不会坐在那里为自己的失败而悲伤，他们会振作精神去找出新办法来弥补他们的创伤，他们不为打翻的牛奶而永远哭泣。

失败对每个人都不利，可是，人非圣贤，谁能无过，拿破仑在他的战功中，也有过三分之一的败绩，而我们所犯过错的平均纪录也许还不到拿破仑的一半呢！所以，学会站起来重新走，学会战胜内疚、忧伤、失败带来的疲惫而继续热爱生活，学会尽快地从曾经的失败中走出来，学会在绝望中也仍能够说：“也许，我能再试一次?”

生命是一支越燃越亮的蜡烛，是一份来自上天给你的礼物，我们“倒下”后必须使劲站起来重新努力向前走，因为我们身体中的每一个细胞都是为了在生命中的奋斗而安排的。

(2)学会区分小的挫折和大的困难。

我们要学会区分什么是小的挫折和大的困难——一次业务谈砸了和你失业了，这两者性质完全不同，但是有人却似乎分辨不清，不管遇到什么不顺心，总是一出现不顺利就仿佛世界末日来临的样子，他们很容易丧失信心或自暴自弃，这其实是对自己的一种不负责。

让我们看看年轻的罗伯特是怎样实现了心灵的成长吧：

罗伯特在一个小客栈找到一份在柜台值夜班和给马厩添饲料的工作。每晚当班时，他总被即将回家的老板不客气地告诫“不可马虎，我会天天检查的！”

22岁的罗伯特刚从大学毕业，血气方刚，对这位从无笑容的老板大为不满。一个星期过去了，罗伯特在一次当班中出了点小小的疏漏，被老板训斥了一顿，并以下次再犯就要解雇他为要挟。老板还告诉他，为了惩戒他的过失，要在工资中扣除一部分。

“简直是剥削！”罗伯特变得难以忍受了。他感到自己确实被激怒了。没有发泄的对象，他只能向来接他夜班的西格大发牢骚。他说，“总有一天，我要端一盘牛肉熏肠和泡菜去找老板，把这些东西一股脑儿朝他脸上扔去。这地方真见鬼，我马上卷铺盖离开这里！”他越讲火气越大，滔滔不绝地嚷嚷了近20分钟，中间还夹杂着拍桌子声和下流的骂骂咧咧。然而说完后，他却注意到年长的同事西格一直不动声色地坐在那儿，用慈爱、忧虑的眼神看着自己。

罗伯特想：西格是犹太人，奥斯威辛集中营的幸存者，他似乎特别喜欢夜晚的工作，这样他感到安静，对他来说，最大的享受莫过于没有人再强迫他该干什么。在奥斯威辛，他就梦想着这个时光。

西格说话了："听着，罗伯特，你知道自己错在哪里吗？不是熏肠，不是泡菜，不是老板，也不是这份工作。"

"我有什么不对？"

"罗伯特，你认为自己什么都懂，但你却连小小的挫折与真正的困难都分不清。假如你摔断了脖子，假如你整日填不饱肚子，假如你家中的房子着火了，那才是遇到了难以对付的困难哩。不可能任何事情都尽如人意，生活本身就充满矛盾，生活像大海的波涛一样会起伏不平。所以，学会区分什么是小小的挫折，什么是大的困难，不为小事而发火，你就会成功的。祝你晚安。"

罗伯特听后，感觉到在自己的一生中，很少有人这样看透自己。西格仿佛在他脑子里打开了一扇窗户。

罗伯特激动的情绪平复下来，他调整着自己的思维方式，从此，当他面临困境或遇到挫折，委屈、不顺心的时候，当他想大发其火、怨天尤人时，仿佛西格就出现在他面前并问他："这是难以克服的困难，还是小小的挫折？"

这个故事会对你有所启发吗？如果你在生活中经历了一次小小的失败后踌躇不前，在面临风险需要做出决定时畏首畏尾，想想罗伯特吧，或许能让你增强心里的正能量，尽快调整好情绪，向未来的成功迈进。

热爱生活，保持乐观

♡ 热爱生活的人，不为别人的批评而烦恼

一个人的处境是好是坏有时完全是自己的主观判断，这和客观环境并不一定有直接关系。我们的身体就像一座园圃，我们是这园圃里的园丁。不论我们插荨麻、种牵牛花、栽牛膝草、植百里香，或者单独培植一种草木，用快乐的心情把它辛勤耕垦好，全在于我们快乐的心情。

美国著名专栏作家哈理斯有一次和朋友出去逛街时，他的朋友在买了份报纸后对报贩说了声“谢谢”，但报贩却态度冷漠，无动于衷。

“这家伙态度很差，是不是？”他们继续前行时哈理斯问道。

“他每天都是这样的。”朋友说。

“那你为什么对他还是那样客气？”哈理斯问他。

朋友答道："为什么我要让他决定我的行为？我只要表达我的善意，我的内心快乐就行了。"

"为什么要让他决定我的行为"，多么耐人寻味的一句话！如果我们都学会这样想、这么做，生活中该减少多少无端的烦恼啊！

所以，当我们被别人说了无聊的闲话，被人当作笑柄，被人骗了，或者被某一个我们最亲密的朋友给出卖了，我们应该豁达大度地不去计较，这才是一种高尚的境界，我们的心理也是纯净开朗的。我们虽然不能阻止别人不对自己做任何不公正的批评，但我们却可以做一件更重要的事，即可以决定是否要让自己受到那些不公正批评的干扰。一个人在生活中千万不要纵容自己只知道自怜，而是应该时刻提醒自己，不为别人无端的批评而烦恼。

当年马修布拉还在华尔街美国国际公司担任总裁的时候，有人问他是否对别人的批评很敏感？他回答说："是的，我早年对这种事情非常敏感。那时我急于要使公司里的每一个人都认为我非常完美，要是他们不这样想的话，我就会忧虑，只要有一个人对我有一点怨言，我就会想法子去取悦他。可是我所做的讨好人的事，总会让另外的人生气。然后等我想要再取悦另外的人的时候，又会惹恼了其他的人。最后我发现，我越想去讨好别人，以避免别人对我的批评，就越会使我的敌人增加。所以，最后我对自己说：

只要你超群出众，就一定会受到批评，所以还是趁早习惯的好。这种思维方式对我大有帮助。从此以后，我就决定只尽自己最大的能力去做，而把我那把“破伞”收起来，让批评的雨水从我身上流下去，而不是滴在我的脖子上。”

有一段对待批评的话，已经成为了文学上的经典。

第二次世界大战期间，麦克阿瑟将军曾经把它抄下来，挂在总部的写字台后面。而丘吉尔也把这段话镶在框子里，挂在书房的墙上。这句话是这样的：“如果我只是试着去听——更不用说去回答所有对我的攻击，这爿店不如关了门，去做别的生意。我尽我所知的最好办法去做——也尽我所能去做，而我打算一直这样把事情做完。如果结果证明我是对的，那么人家怎么说我，就无关紧要了；如果结果证明我是错的，那么即使花十倍的力气来说我是对的，也没有什么用。”

所以，每一个想获得成功的人，都不要为别人的批评而烦恼，太在意别人批评的人会把自己局限于狭窄的范围内，而让自己失去了更广阔的天地。如果你立志要有一番作为、要获得人生的成功，那么，在年轻的时候，就要学会保持平常心，尤其不要为别人的无端批评而烦恼。

人是有能力选择和改善自己的处境的，也是有能力改善自己的心情的。你有没有发现，你若期待坏事来临，事情就真的会变坏的？但是同一原则，反过来也是同样灵验的：每当我们期待好运来临时，好运真的会降临！

拿破仑·希尔说："使你快乐或不快乐的，不是你有什么，你是谁，你在哪里，或你正在做什么，而是你对它的想法。

举例来说，两个人处境相同，做同样的事情，两个人都有着大致相等数量的金钱和声望。然而，其中之一人郁郁寡欢，另外一人则欢欣愉快。什么缘故？心理态度不同导致结果不同。"

西方有句话，各人有各人理想的乐园，有自己所乐于安享的世界。如果我们明白了这些，就应该更加热爱生活，热爱自己，勤耕自己的乐园，种自己快乐的花。

♡ 爱自己，一定要控制情绪

爱自己，就不能让情绪的惊涛骇浪惊扰自己的生活。人必须采取积极的行动，以战胜消极情绪在某些情况下像脱缰了的野马似的冲动。这样，我们的生活才能处处充满温馨、平和、快乐的旋律。

可是情绪并不总服从于我们的意志，它有时会像调皮的精灵，任性地撒野，让我们束手无策。那么，有没有什么好方法能让我们在情绪不好或即将失控时有意识地控制住呢？下面是一些心理学家们总结出来的比较好的方法。

(1)要相信你能控制好自己的情绪。

每个人的情绪都会时好时坏。学会控制情绪是我们成功和快乐的要诀。实际上没有任何东西比我们的情绪更能影响我们的生活了。不良的消极情绪容易让我们陷于低谷，觉得世界灰暗一片，所以我们要在它们出现苗头的第一时间意识到，赶紧把它们驱逐出去。

比如，在伤心时我们应该怎样摆脱伤心呢？还有，人们每有所失，如友情、爱人和自尊心等就觉得伤心。你觉得伤心时，应该设法找出失去的是什么，这种失去对你有什么影响，所失去的曾经满足你哪些需要，失去了以后能在哪里获得补偿？如果你觉得伤心，要知道是什么原因令你伤心，如果是他人，那么，你可以去找那个人当面说他伤害了你，怎样伤害了你，和为什么你有这种感觉。当然，前提是这个人值得你这么去做。人的情绪一定要以某种方式“发泄”出来。倘若不向引起你情绪恶劣的人发泄，这些恶劣情绪就会随时随地发作，对你产生不良影响。但发泄时要注意态度，还有方式方法。

焦虑也是常常困扰我们的情绪杀手之一，那么如何克服焦虑呢？

人们在受到恐吓、受到伤害或忧虑、紧张时就会变得焦虑，面对这些，不要试图逃避或把它们撇开，躲避只能把事情弄得更糟，问题更难解决。

举例来说：17 岁的琼在她母亲进医院检查和接受小手术时，家人为了不想让她担心，对她母亲的病况讳莫如深。而琼唯恐会有最不幸的事发生，从开始怀疑每个打来的电话都可能传达坏消息到她非常焦急胡思乱想，直到家人把她母亲的真相告诉了她，她焦虑的心情立刻好了很多。

所以，如果你感到正在被焦虑困扰，就应设法确定你真正焦虑的原因是什么，想一想有什么方法能帮助你克服焦虑，这样你的心情就会好很多。

再来说说怎样平息愤怒这个情绪的超级破坏者。

倘若有人触怒了你，你会发怒。你发怒的时候，要自问：谁得罪了我？他是怎样得罪的我？我对那个人说了、做了些什么？他有理由这样做吗?”然后听听对方的回答，最好是心平气和地谈谈，而不是一味地发泄情绪而争吵。如果你的理由站得住脚，相信大多数人都会表示歉意而且欣赏你的坦诚，仍会和你继续做朋友，而你的愤怒也会随之消失。

例如，哈里和麦克斯两人因为一只狗而大声吵架。哈里首先骂狗，然后埋怨麦克斯的孩子，又抗议麦克斯开的盛大舞会吵闹扰人。其实哈里真正愤怒的原因是麦克斯上次舞会没有请他，而他和麦克斯说起来都是老朋友。麦克斯终于明白了他得罪哈里的真正原因，“但是我们所开的并不是真正的舞会，”麦克斯解释说，“只是把办公室的同事请来玩玩，所以没有请你参加，难道你就为了那回事生气?”麦克斯解释后，哈里情绪好了很多。

生活中我们常常因为自己做错了事而自责和内疚，这两种情绪也是侵蚀我们快乐心情的蛀虫。其实人只要认识到自己的错误并从中汲取教训和经验，就无须内疚。虽然这个道理大家都明白，但一些人做错了事，还是经常陷入深深自责的泥沼中无法自拔，甚至痛苦不堪。

自责和内疚的根源是这样产生的：不好的心情不能适当发泄，就会掉转过来进攻自己。一个人对自己发怒时，就会把事情不顺利的原因都归咎于自己。

例如，李特尔太太一生都是任劳任怨地为家人奉献，但有一天她突然觉得内疚起来，自己从未做过任何使自己快乐、使自己值得自豪的事。慢慢地，她的心情开始变得很糟，她做什么事都开始心不在焉，深深的自责几乎每天都在吞噬她的心灵，她觉得，家庭经济状况至今仍在中产阶级上下徘徊、孩子们不能接受最好的教育、丈夫至今仍是个小职员……这些不尽如人意的状况都是自己能力不足造成的，她的内疚心理表露出了她很多年来就想发出的心声。

李特尔太太一般不向家人发脾气，但她却以自责这种方式来对待自己的坏心情，这同样是不好的。那么，应该怎样对待内疚呢?

追根溯源，大多数内疚来自于被压抑的坏心情，而坏心情又是因心灵受伤害而产生的，因此，解决内疚的办法就是应该找出心灵所受伤害的根源，寻求建设性的方案来尝试着解决的办法，或者把坏心情引到它本应该发泄的地方，把压抑在心中已久的不愉快和郁闷驱除出去。

人对付坏情绪，万变不离其宗，一定要把精力花在营造好心情上，这样，坏情绪就不会乘虚而入控制我们的心灵。

(2)把坏情绪遏制在萌芽状态。

坏情绪也不是一下子就占领我们心理高地的。它也有萌芽—发展—高潮等各个阶段，在萌芽期就消除它，是最好也是最容易做到的，中国有句成语叫“防微杜渐”，说的正是这个道理。

美国斯坦福大学心理学家詹巴斗曾做过这样一项试验：他找来两辆一模一样的汽车，一辆停在比较杂乱的街区，一辆停在中产阶级社区。他把停在杂乱街区的那一辆的车牌摘掉，顶棚打开，结果一天之内车就被人偷走了。而摆在中产阶级社区的那一辆车过了一个星期安然无恙。后来，詹巴斗用锤子把这辆车的玻璃敲了个大洞，结果，仅仅过了几个小时，它就不见了。

后来，政治学家威尔逊和犯罪学家凯琳依托这项试验，提出了一个“破窗理论”。这一理论认为：如果有人打坏了一个建筑物的窗户玻璃，而这扇窗户又未得到及时维修，别人就可能受到暗示性的纵容去打烂更多的窗户玻璃。久而久之，这些破窗户就给人造成一种无序的感觉。那么，在这种公众麻木不仁的氛围中，犯罪就会滋生、蔓延。

“破窗理论”给我们的启示是：必须及时修好“第一个被打碎的窗户玻璃”。破窗理论对我们控制自身坏情绪也适用，假如你刚刚开始产生愤怒情绪，此时你一定要尽力遏制，千万不能让它爆发，否则就容易“一发而不可收”。

♡ 爱自己，要善于处理情绪的低潮

生活中，我们难免会遇上不顺心的事，此时情绪难免也会受到影响。爱自己，其中很重要的一个方面就是要呵护自己的心灵，让自己从情绪的低潮中尽快恢复过来。那么，有没有什么好方法让灿烂的微笑重新回到你的脸上呢？

(1)坦然面对不愉快。

人的一生风雨不断，小的摩擦、碰撞更是在所难免，有很多原因都可能引起我们的沮丧和烦恼，比如，情场失意，夫妻不和，家庭矛盾、受人排挤……即使是一些无关紧要的小事，有时也会使我们快快不乐，给生活蒙上一层阴影。

有人觉得，当不愉快的日子接踵而来的时候，就好像无边无际没有尽头，于是不知怎样打破这种坏心情。其实打破坏心情关键要让自己心灵宁静。情绪低潮表现在许多方面，比如，有的父母不知道怎么让幼小孩子们能多安静一会、不缠着自己？有的销售人员苦恼为什么业务会一直没有进展？为什么事情总做得一团糟？有的员工发愁为什么工作总是平平庸庸、毫无起色？为什么考虑事情总是太幼稚而不能周全，什么时候才能让自己成熟起来？

没有人能够逃脱不快，即使你长途跋涉，走遍天涯海角，寻得一个看破红尘的高僧，他同样也逃脱不了现实中的无奈、精神上的困惑和生活中的无聊。世界上不存在极乐天堂，没人能从世俗的烦恼中解脱出来，人们所能做的只能是端正态度，妥当地去解决这些不愉快。

那么，如何解决情绪不高带来的不快乐呢？有三点必须先避免：一是对事情过分追求完美，吹毛求疵；二是遇事爱抱个人成见，感情用事；三是自哀自怜，处处觉得自己是个受害者。

你是不是一个追求完美的人？如果是这样，你的这种求全责备的生活态度必将无形中给你和他人的生活增加许多无法忍受的负担。

而那些爱挑剔、追求过分完美的人，在一些细节小事上喜欢钻牛角尖，些许差错会令他耿耿于怀。由于从一开始就不实际，他就永远也不可能满足自己，不得不在别人面前掩饰自己的过失。因为过分挑剔，他不断地把责任推给别人，把自己造成的一系列问题归咎于他人。这种人遇见什么“不顺眼”的事，都易大动肝火。

他总是被一些鸡毛蒜皮的小事纠缠，结果自己的情绪越来越糟，也把别人的心情搞得很糟。

所以，如果你曾经在一些细微小事上和他人纠缠不清，对自己对别人过分苛求，你就该想到世界上没有尽善尽美的生活，也没有极乐天堂。只要你善待自己和他人，不愉快就会随之消失了。

(2)不要走极端。

站在极端立场上看问题会令人不知所措，心灰意懒，同时还会因此损伤自己健康的心灵。例如，如果你经济拮据，你可能会想到所有能使这一窘况变得更加糟糕的事情：你会失学；你会失去家庭；你会受到寒冷和饥饿的威胁。对于这些，其实你大可不必这么紧张，生活中的事情，既非一切都是那么美好，也非一切都是那么糟糕，生活是由好与坏组成的混合体。你可以承认这一事实，想一想造成的原因是什么，怎样才能改变这一状况。

很多人之所以从极端的角度来看问题，常常是由于心态不平和。所以，在面临问题时一定要冷静地分析一下，你是否对事实进行了夸大，或者夸大到什么程度，还有不要自卑，要有自信，因为只要努力，问题就一定能解决。

不从极端上看问题，有助于帮助我们摆脱极端的思维，避免情绪上过大的起伏，不会让情绪大起大落。

(3)学会说“没关系”。

生活中充满了深浅不一的问题，很多不像我们想象的那样美满、如意，但我们没有必要为自己的不成功、不顺心等事情发愁，同时怨恨自己。要知道，成功会属于你，失败也会属于你，人即使失败了，也没有必要怨天怨地无休止地长吁短叹。

我们要明白，人活着，就要善待自己，因此，当生活并不按照你所希望的样子出现在你面前的时候，请你从烦恼中跳出来，潇洒地对自己说一句“没关系”。

以上这些方法都是非常有效的帮助你从情绪的低谷中走出来的方法，如果你时常因为一些事情情绪低落，不妨一试，相信会有意外的惊喜发生。

♡ 学会爱自己——早日修炼出积极的心理状态

人的心理状态分为积极的与消极的两种，爱自己的人，不是没有消极的心情，而是会经常用自我暗示引导和修炼出积极的心理状态，让自己拥有好心情。

正如我们所知，人的自我潜意识源于积极的自我暗示，反之也一样，而消极心态就是消极的自我暗示的结果。

例如，星期天，你本来约好和朋友出去玩，可是早晨起来往窗外一看，下雨了。这时候，你怎么想？你也许想：糟糕！下雨天，哪儿也去不成了，闷在家里真没劲……如果你想：下雨了，也好，今天在家里好好读读书，听听音乐……

这两种不同的心理暗示，会给你带来两种不同的情绪和行为。

我们多数人的生活境遇，既不是一无所有，一切糟糕；也不是什么都好，事事如意。这种一般的境遇相当于“半杯咖啡”。你面对这“半杯咖啡”，心里会产生什么样的念头呢？消极的自我暗示会因为少了半杯而不高兴，情绪消沉；而积极的自我暗示则是庆幸自己已经获得了半杯咖啡，那就好好享用，因而情绪振作，行动积极。

由此可见，心理暗示这个法宝有积极的一面和消极的一面，不同的心理暗示必然会有不同的选择与行为，而不同的选择与行为必然会有不同的结果。有人曾说：“一切的成就，一切的财富，都始于一个意念。”我们还可以再说得浅显全面一些：你习惯于在心理上进行什么样的自我暗示，就是你心情好与坏的根本原因。

美国心理学家霍特举过一个例子。

有一天，行政主管弗雷德感到意志消沉。要是在休息日，他应付情绪低落的办法通常是避不见人，蒙头大睡，直到这种心情消散为止。但是这天是工作日，他要和上司去参加一个重要会议。所以没办法，他只能装出一副快乐的表情。他在会议上笑容可掬，谈笑风生，装得心情愉快而又和蔼可亲。令他惊奇的是，不久，他发现自己真的不再抑郁不振了。

弗雷德并不知道，他无意中采用了心理学上所说的暗示疗法：装着有某种心情，心情会像装着的方面发展，这种暗示，往往能帮助我们真的获得这种感受。所以，人在困境中要有自信，在事情不如意时“装”得较为快乐。

多年来，心理学家认为，除非人能改变自己的情绪，否则通常不会改变行为。生活中，我们其实早就在有意无意地这样做了。我们常常逗眼泪汪汪的孩子说："笑一笑呀!"结果孩子勉强地笑了笑之后，跟着就真的开心起来了。

心理学家艾克曼的最新实验表明，一个人如果是想象自己进入某种情境，感受某种情绪，结果这种情绪十之八九真会到来。比如一个故意装作愤怒的实验者，由于"角色"的影响，他的心搏率和体温会上升。心理研究的这个新发现可以帮助我们有效地摆脱坏心情，其办法就是"心临美境"。

事实上，心理研究显示，当你感到焦虑、抑郁的时候，玩一场游戏或看一场滑稽的电影，往往能收到奇效。假使暂时没有这个条件，那不妨从记忆中提取愉快些的镜头，还可以用微笑来激励自己。当然，笑要真笑，要尽量多想快乐的事情。高声朗读也有助人心情改变的奇效，只是读书时要有愉快的表情，而且要选择能振奋精神而非忧郁之作。心临其境可以代替身临其境，快乐的笑声会使你身心舒畅。

有位朋友有过这样的经历。

一年夏天，他驾驶一艘 10 米长的单桅小帆船做两星期航行，途中因遇到雷雨袭击，他紧张得向船中 3 位朋友粗暴地发号施令，结果大家都惊恐战栗，不知所措。后来，有个当过海军的朋友先讲了个笑话，然后心平气和地提出一条建议，他的情绪感染了大家，大家的情绪慢慢地平复了下来，同时，他们也找到了摆脱困境的方法。

可见，积极的心理暗示是可以感染的，利用有意识的暗示来改变人的心情，利用好心情来改变人的行为，这是帮助人度过生活中不愉快的时刻的有效方法。所以，我们要经常进行积极的自我暗示，并长期坚持，使之成为习惯。

那么，要想训练自己有积极的自我暗示，该怎么做呢？

第一，积极的心理暗示方式和手段多种多样，暗示的内容要具体，每个人都可以选择让自己感到愉快的体验来培植愉悦的心理。

第二，一个人应该能像调节水温一样用积极的心理暗示调整自己——在水太热的时候，就要把冷水管的龙头打开。如果在怒气在胸的时候，要立刻转到友爱和平的思想上，这样怒气自然就消除了。人一旦有了友爱的思想，仇恨便不再存在；有了爱人如己的思想，便会消除妒忌和报复的恶念。

♡ 学会爱自己——用积极的行动消除烦恼和不安

生活不会总是一帆风顺的，生活中时常有千头万绪的矛盾和问题等待我们来解决，如果我们总让烦恼和焦虑控制着，可能会永远都处在焦头烂额状态之中。所以，我们要用积极的生活态度和做事方法来善待自己，笑对生活，而不是愁眉苦脸地生活在烦躁不安之中。以下是一些消除烦恼和不安的有益方法。

(1)用过去取得的成绩鼓励自己。

每个人都会有低潮现象，在低潮现象里，一个人会觉得内心疲惫、失去信心、无法振作起来，对自己的现状或未来满怀忧虑、疑惑丛生。由于内心产生了不安，为了避免这种状态，必须要用冷静的态度去评价自己的现状及过去取得的一些成绩，说得更具体些，就是用自己目前所完成的一些让自己觉得有希望的事，以及取得的成绩的来激励自己，这样，能让自己的内心产生喜悦和自信。人在低潮时，千万不能丧失信心，更不能钻牛角尖。

(2)学会自己宽慰自己。

因为某种原因而遭遇失败，或因事而变得心灰意冷，这是人之常情。同样，许多人会因为遭遇到一次失败，就以为到处走不通，而陷入无路可走的心理状态里。这是由于失败的体验跟挫折感息息相关，而挫折感极容易引起人类的感情反应和各种退化现象。

所谓退化现象是指一个人的行为反应跟年龄相反，退化到小孩子的思维，由于孩子对环境缺乏柔韧性，故对一切状况都不能做出理智的判断。

若要使自己免于陷入退化现象里，有一种方法很有效，那就是，在遇到失败的时候，不妨自言自语："此处不留人，自有留人处"，"这样做不成，可以那样做"等，换个角度想问题，慢慢情绪恢复正常，再想他法。

(3)用忙碌代替忧虑。

请先来看这样一个事例。

道格拉斯和他的妻子接连两次遭受巨大不幸。第一次是他们视为掌上明珠的5岁女儿的死亡。他们真不敢相信还有继续生活下去的勇气。一年之后，上帝又重新赐给了他们一个女儿，可是不到五天，这个孩子又死去了。

连续两次的打击实在太残酷了。幸好他们有一个 4 岁的儿子，是儿子把道格拉斯夫妇从痛苦的深渊里解救了出来。

一天下午，当道格拉斯正坐在桌子那儿沉浸于内心悲痛的时候，他的儿子过来对他说："爸爸，你能替我做只船吗？"

道格拉斯哪里还有心思做船！但儿子却缠住他不放，最后他只好答应了。这个玩具他花了大约 3 个钟头。船做好了，他也从这 3 个钟头里第一次领略到几个月以来从未感到过的精神上的轻松！

在他给孩子做船的那几个钟头里，他真的感觉到战胜了忧虑。这一发现使道格拉斯大为震惊。他终于明白，摆脱烦恼的最好方法是找事情干。因为干事情需要计划，需要动脑筋，这样追忆痛苦往事的时间自然也就没有了。他决心从现在起就找事情干。

第二天，道格拉斯便开始在家里忙乎起来。他从这个房间到那个房间，到处寻找需要干的事，并把它们一一列上清单。一数居然有数十件东西需要修理：书架、楼梯、窗台、百叶窗、门把手、锁、滴水的龙头，等等。说来也许不会令人相信，在两周时间里，他竟发现有 242 件急切需要料理的事情！此后两年，清单上的大部分事情被道格拉斯夫妇一一做完了。此外，他们夫妇还干了许多有意义的其他工作。他们的生活过得充实起来。

此外，道格拉斯每周两次去参加成人夜校，同时也参加许多公益活动。他现在是教育局主席，经常出席各种会议。他帮助红十字会筹款，也替其他慈善事业募捐。如今道格拉斯忙得再也没有时间去忧虑了。

工作可以排解苦闷和忧虑是有其科学依据的。这一依据就在于心理学上的一条基本原则：任何人的大脑不可能同时考虑一件以上的事情。所以，我们不能一方面满腔热情、兴致勃勃地投身于一件有趣的工作，同时却又始终为另一件不快的事而烦恼。人的情绪是相互排斥的。这一简单的道理，使得在战争期间的精神病科医生创造了许多奇迹。许多士兵因为经历战斗而患上了人们所说的“心理变态症”，而医生们则用“活动性治疗法”把他们的病治好。

(4)让有节奏的音乐给自己轻松和自信。

在运动场上，如能踏着雄壮的进行曲走路，体内立刻会涌起十足的干劲，斗志也会油然而生，这种经验恐怕每个人都有过。倘若情绪不好，多听听音乐，必会精神振奋，显得精力十足。有人说：音乐能使人放松和自信。事实上，音乐能激发一个人脑中的物理振动，而物理的振动对人的肉体可以给予直接的刺激，令人放松。

(5)阅读幽默小说或漫画，赶走消沉。

英国有一位名叫霍布斯的学者说过，笑就是胜利的表现。所以，我们如能积极利用笑的效果，则可医治因失败而产生的悲观以及心理的紧张，甚至可将绝望感扔得无影无踪。同样，如果在忧郁的时候，读一读漫画或幽默小说，心情也立刻会开朗起来。

以上的这些方法都是很容易做到的，希望你在试过之后成为更快乐、更乐观的人！

♡ 乐观的态度有助于爱自己，更好地生活

人的一生中总有不如意的时候，这些不如意有很多种，例如：生意失败、失恋、人事斗争落败、被羞辱、工作不顺、家道中落……而依各人承受程度不同，这些不如意也会对各人形成不同的压力与打击，有人表现得“根本不在乎”，认为这只是人生中必然会碰到的事，该怎么活还怎么活；有人则很快就可以摆脱沮丧，相信奋斗才是一生的目标；有人则很快就可以调整自己，重新出发；但有些人却倒地不起。

不管你遭到的不如意程度如何，只要你在主观感受上已到了沮丧、消极、痛苦，几乎要毁灭的地步，那么就应该采取理智的策略：迅速调整，不屈不挠、乐观而有韧性地奋斗着。

蟑螂是人人讨厌的害虫，它们的可恶之处就是墙缝里可活、壁橱里可活、阴沟里也可活，但无可否认，人如果有蟑螂这种韧性，

生活中还有什么阴暗的日子不能坦然地面对呢？

试想，当你遇到不如意的事时，无论是客观环境或主观的感受，不就有如生活在万花筒的墙缝里、壁橱里、阴沟里吗？如果你因为过着这样阴暗与充满人性丑恶的日子而感到羞辱，灰心丧志，失去对美好前途的勇气，那么你连一只蟑螂都不如。

人在不如意时，不要去计较失败、面子、身份、地位，也不要觉得生活得太委屈，想急着“出头”，只要对此坦然微笑，沉得住气，让自己的信念好好地生根发芽，你的未来就有希望，前方就有机会等着你。这不是安慰你，而是事实本就如此。一个人，如果能改变自己的思想，从对生活悲观的态度中迅速走出来，乐观坦然地面对生活，不管遇到人生的多少风雨，都可以使自己的一生过得很开心。

我们来做个简单的心理试验：当茶是半杯时，你是否觉得这杯茶只有半杯，眼光在空着的地方？当你看面饼圈时，你是否把你的视线落在饼圈的圈上，而不是落在中心的圆洞里？

哈佛大学医学院曾进行过104项科学研究试验，研究对象达15000人，上述试验是其中之一，研究结果证明，如果你的答案是在半杯水上，眼光在面饼圈上，那么你就是一个具有乐观心态的人，而这种心态将使你受益终生。

对生活乐观能帮助你变得更幸福，更健康，并且更能获得成功；而悲观呢？正相反，能导致你绝望、患上疾病和走向失败。美国心理学家克雷格·安德逊说：“如果我们能引导人们更乐观地去思想，这就好比是给他们注射了防止精神疾病发生的预防针。”

心理学家麦可·沙尔解释说：“你的才能当然重要，但相信自己定能成功的想法常常成为决定你成败的一个因素。”其原因是，乐观的人与悲观的人在遇到同样的挑战和失意时，各自采取的处理方式是截然不同的。

有这样一个调查试验：

保险公司雇用了一百名在应考中落选而在乐观性上得分很高的人为销售员。这些人，在过去根本不可能被雇用，但推销结果却出乎意料，这些人的推销成绩比公司内的销售员的成绩高出百分之十。他们是凭什么做到这一点的呢？不服输的乐观心态！

按照塞立格曼教授的说法，乐观者成功的秘诀，在于他们的“解释方式”。即当事情出了“问题”时，悲观者倾向于责备自己，“我不善于干这个”或“我总是失败”；而乐观者则去找“问题”的解决方法。当事情办得很顺利，乐观者就把成功归功于自己，而悲观者却把成功视为侥幸。

克雷格·安德逊教授曾经让一批哈佛学生打电话给陌生人，说服他们为红十字会献血。当学生们打了一两次电话而毫无结果的时候，悲观的学生就说：“我干不了这事。”乐观的学生则对自己说：“我要换个法儿再去试试。”

安德逊认为：“如果悲观的人感到失望，那他们就不会主动去寻找成功的方法。”

根据安德逊的看法，自我感觉的控制，是成功的试金石。乐观者感觉自己的命运是操纵在自己的手上，如果事情出现问题，他们便迅速采取行动，寻找措施，拟订一个新的行动计划，并且博采众家之见。而悲观者则觉得自己处处受命运的捉弄，因而迟迟不肯行动。他们认定了自己无计可施，因此也不向他人求教。

匹兹堡癌症研究所的桑德拉·利维医生曾对患有晚期乳腺癌的病妇进行过一番调查研究，发现平常比较乐观的病妇在接受治疗后，病不复发的时间维持得较长。这就是生存的最佳精神状态。而悲观的病妇病情发展不仅要快一些，治好了也容易复发。

乐观的确不能治疗不治之症，但可以防止普通的疾病。在一项长期研究中，研究人员调查了一批哈佛大学毕业生的健康史。他们在班级里成绩都是中等以上，而且健康状况良好。然而其中有的人思想是乐观的，有的人却是悲观消极的。二十年以后，患有中年人疾病的，例如高血压、糖尿病和心脏病等，悲观者的人数超过了乐观者。

很多研究结果表明，悲观者无能为力的感觉会削弱人体自身的天然防线——免疫系统。美国密西根大学的克利斯朵夫·彼得逊医生发现，悲观的人都不会很好地照顾自己。他们觉得自己很被动，不能承受生活的打击，无论他怎么做，都免不了生病和其他一些不幸的事情临头。于是乎，他吃饭时狼吞虎咽，也不讲究营养，不做健身运动，不去看医生，却从来忘不了喝酒。

大多数人都是兼有乐观和悲观的心理。但不是倾向于这一方就是倒向另一方。塞格立曼说，这是一种“在母亲的膝下”学到的思维模式。它是从千百次的警告或鼓励，千百次的责备和表扬之中发展起来的。太多的“不准”和危险警告，会让人觉得自己无能、恐惧——最终走向悲观。

悲观是一种不易更改的习性——但不是绝对的。在一系列使人关注的研究中，美国伊利诺大学的卡罗尔·德维克医生曾为一些小学低年级的儿童工作了一段时间，由于她帮助学习成绩不好的学生改变了他们对自己的行为方式，从“我是个笨蛋”改为“我没有用功读书”，结果，这些学生在学年考试成绩中都有了长进。

匹兹堡的利维医生在一项试验性研究中，让两组结肠癌患者接受相同的治疗，而给予其中一组心理上的帮助，鼓励他们采取乐观的态度。结果证明被帮助一组取得了较好的疗效。

所以，悲观主义者按下面的方法去做，或许能改变。

(1)在不如意的事情发生时，请注意自己的思想，把最先出现在头脑里的想法，不加修饰也不增删地写下来。

(2)接着，做一件与消极反应相对立的事。例如，当工作出了差错，不要有，“恨自己的工作，自己永远不可能找到一个更好的工作”的想法，要有努力做出改进工作的积极行动。

(3)注意事态的发展。如果你对事情抱以悲观的态度，分析一下你最初的想法是正确的还是错误的？如果你的想法使你退缩，那就改变它，这个办法虽不一定奏效，却能给你提供一个转变的机会。

积极的思想能带来积极的行动和反应，这已经有了证明的依据，如果我们对不如意的事能坦然面对，能屈能伸，阴暗的日子能过，风雨的日子能过，阳光灿烂的日子也能过，那就已迈入积极者之列，如此，你会热爱生活，生活也一定会回报给你更加灿烂的笑脸。

♡ 消除紧张心理，坦然面对生活

伴随着现代社会越来越快的生活节奏，越来越多的人在社会生存中时常会感到精神疲惫、心灵难得安宁，由于平和的心态和生活中的快乐对他们来说越来越难得，故他们时常处于迷茫之中。

罗素在《走向幸福》一书中，向我们描述了在“生存斗争”压力下的“现代人”是怎样生活的场景。

清早，在妻子和孩子们还在酣睡时，他已早早起身赶到办公室去了。在那里，他的职责是显示一个大经理的风度才干：他下颚紧绷，说话干脆果断，旨在给下属留下一副精明强干、谨慎持重的印象。

他口授信函，和各色要人通话联系，研究市场行情，然后和某一位正在或打算与他交易的人共进午餐。同样的事情整个下午又继续进行。然后，他精疲力尽地回到家里，换好衣服接着去赴晚宴。餐桌上，他和另一些疲惫不堪的男人们还得装出快活的样子。难以预计，要过几个小时，这个可怜的人才能逃脱这种场面……

也许，我们都替书中描述的人物觉得累。然而，不幸的是，这样人和事，已成为我们的生活常态。许多人都觉得“现代生活”令人“疲惫不堪”。还有很多人最终的选择结果是“从日常生活中得不到乐趣”。

难道在大都市的生活压力下的我们必须如此吗？虽然紧张、快节奏是当今时代的显著趋势和特点，但这都不能成为影响我们好好生活的理由。也正因为如此，我们才要更好地爱自己，有效地化解紧张，调整心情，让自己每天都有一个好的精神状态，能振作地面对生活。

所有的紧张都有解决之道，如果你工作紧张，请不要烦躁，不要忙乱，首先分出80%的次要工作和20%的主要工作，请优先做好20%起着关键作用的工作。然后在减少了压力的情况下，80%的工作也会迎刃而解。其次，改善你的工作环境，调适你的情绪。让紧张化解于愉快之中，以工作效率促工作质量。人在有了效率又有了质量后，即使工作还是很艰苦繁重，也会有轻松的感觉。

如果你时间紧张，那么，优化程序可以节省时间，有时，花钱代劳可以腾出时间，乘车代步可以争得时间，学习先进方法可以节省时间，还有，超前安排可以赢得时间——让时间成为你的“奴隶”。

如果你的经济紧张，那么请多在家吃饭，家中饮食一样提供给你营养；推迟购进应时服装，这并不影响你的漂亮；首饰并不是人的必需，名牌并不反映价值，虽然这些都是诱惑你的因素，但你要能经受得住诱惑，这样节约出来的金钱能更好地用在刀刃上。

当然，以上这些是我们可以自己做主，甚至可控，但生活中还有很多无法预料的事会让我们时常感到手足无措和疲惫紧张。比如工作中一次次的不顺利，想办的事一次次因客观原因而搁浅，面对刁钻的客户、严厉的上司、横眉冷对的同事……很多情况我们都会疲于奔命、疲于应付。这种情况别人无法帮助我们改变，只有我们自己笑对生活，不畏挑战和艰辛才能达到心神泰然。

有些人遇到棘手的事，总是感到紧张，以致尽量拖延，迟迟不敢面对。棘手的事差不多每天都会有，只有把它们先解决好了精神才会愉快，所以，人要不畏困难，面对任何事时，首先要以轻松而愉悦的心情面对。

人一旦正视了问题，就很可能发现它并非如自己所想象的那样麻烦。

比如，有个名为琼斯的新闻记者性格极为内向，但碰巧有一次他的上司叫他去代替一位请假的同事去采访大法官布兰代斯，琼斯大吃一惊，问：“我怎能要求单独访问他？布兰代斯不认识我，他怎肯接见我？”

在场的一个记者立刻拿起电话打到布兰代斯的办公室，和大法官的秘书联系起来。他说：“我是明星报的琼斯，我奉命访问法官，不知道他今天能否接见我几分钟？”

琼斯紧张地等待着对方答话，然后，他听到了让他如释重负的答案：“谢谢你，1点15分，我按时到。”

琼斯从这件事中领悟到了如何处理问题的真谛——很多事情并非如想象的那么可怕，而是自己把自己先搞得紧张了、不知所措了。

总之，紧张不是一种好的情绪，它会扰乱我们的思维，让我们无法耳聪目明。生活是个万花筒，虽然每天都会有很多意想不到难以预测的事情发生，但不紧张应成为我们面对生活的首要前提，只有这样，我们才能保持着乐观开朗的心情，才可以经常谈笑风生，才可以用从容不迫、不急不躁的心情面对生活中的一切。

热爱生活，快乐地享受生活

♡ 学会发现和欣赏生活中的美

生活是美好的，阳光、星辰、天空、小鸟……生活中的无数情趣在于我们要自己懂得发现和欣赏。

这个世界是我们自己创造的，真正拥有这个世界的人，是那些热爱生活、拥有快乐的人。也就是说，那些真正拥有快乐的人才会真正地拥有这个世界。不过，这样的人要具备哪些因素呢？

性格对于一个人的生活有着极为重要的影响。乐天派性格的人总能看到生活中美好的一面，对于这种人来说，世界根本就不存在什么令人伤心欲绝的痛苦，因为他们即便在灾难和痛苦面前也能找到心灵的慰藉，正像在最黑暗的天空中心灵也能或多或少地看见一丝亮光一样。很多时候，天上乌云遮住太阳，但太阳仍在乌云之上，所以，太阳的光芒终究会照到大地上来。

具有快乐性格的人，他们的眼里总是闪烁着愉快的光芒，他们总显得欢快、达观、朝气蓬勃。他们的心中总是充满着朝阳。当然，他们也会有痛苦、心烦意躁的时候，但他们不同于别人的就是他们总能愉快地接受这种痛苦，没有抱怨，没有忧伤，更不会为此而浪费自己宝贵的精力，他们迅速调整着自己，不断拾起生命道路上的花朵，奋勇前行。

具有乐观、豁达性格的人，无论在什么时候，他们都感到光明、美丽和快乐的生活就在身边。他们眼睛里流露出来的光彩使整个世界都溢彩流光。在这种光彩之下，寒冷会变成温暖；痛苦会变成奋发的动力。这种性格使智慧更加熠熠生辉，使美丽更加迷人。

而生性忧郁、悲观的人，永远看不到生活中的七彩阳光，春日的鲜花在他们的眼里会失去娇艳的光芒，黎明的鸟鸣在他们耳中会变成令人烦躁的噪声，无限美好的蓝天、五彩纷呈的大地在他们眼中都像灰色的布幔。

准备在亚利桑那沙漠过第一个夏天，斯蒂芬想自己会被热死的。华氏112度的高温能把人烤熟了。四月起，斯蒂芬就开始为过夏天担忧。有一天，当他在凤凰城的一个加油站给车加油时，和主人希普森先生聊起可怕的夏天。

“哈哈，你不能这样为夏天担忧，”希普森先生善意地责备着斯蒂芬，“对炎热的害怕只能使夏天开始得更早、结束得更晚。”

当斯蒂芬付钱时，他意识到希普森先生说对了。在自己的感觉中，夏天好像早已经来了。

“像迎接一个惊人的喜讯那样对待酷暑的来临，”希普森先生说着找给斯蒂芬零钱，“千万别错过夏天给我们的各种最美好的礼物，而夏天的种种不适躲在装有空调的房间里就过去了。”

“夏天还有最美好的礼物?”斯蒂芬急切地问。

“你从不在清晨5点到6点起床？我发誓，六月的黎明，整个天际挂着漂亮的玫瑰红，就像少女羞红的脸。八月的夜晚，满天繁星就像深蓝色的海洋里漂浮的流水。一个人只有当他在华氏114度的高温里跳进水里，他才能真正体会到游泳的乐趣!”

当希普森先生去给另一辆车加油时，站在一旁的一位年轻加油工笑着轻声对斯蒂芬说：“好啊！你得到了希普森的特别服务——免费传授他的人生哲学。”

使斯蒂芬惊奇的是，希普森先生的话果然有效。他不再惧怕夏天的来临了。当高温天气真的到来时，斯蒂芬早早起床在凉爽中修剪玫瑰花；下午，他和孩子们舒舒服服地在家里睡觉；夜晚，他和家人在院子里玩游戏，做冰激凌吃，痛快极了。整个夏天，他还欣赏了沙漠特有的日出壮观景象。

几年之后，斯蒂芬一家搬到北部的克来兰德，不到九月，邻居们就为过冬准备了。当十二月的大雪真的落下来时，斯蒂芬的孩子，10 岁的大卫和 12 岁的唐真是兴奋极了，他们忙活着滚雪球，邻居们都站在一旁盯着看“这两个从没见过雪的愣头愣脑的沙漠小子”。

后来孩子们坐着雪橇上山滑雪或去湖面滑冰，回来以后，邻居家的大人、小孩都围坐在斯蒂芬家的壁炉旁，津津有味地吃热巧克力、聊天。

一天下午，一位邻居感慨地说：“多年来，雪只是我们铲除的对象，我们都忘了它真能给我们这么多欢乐呢！”

几年之后，斯蒂芬一家又搬回沙漠。一天，斯蒂芬开车到加油站，新主人告诉他希普森先生因年事已高把加油站卖了，在不远处又经营了一个小型加油站。

斯蒂芬开车到那儿拜访希普森先生，并让他再给自己加油。希普森更瘦了，满头银发，但是他那愉快的笑容仍然依旧。斯蒂芬问他老了的感觉怎么样。

“我一点不担心变老，”他说着从车篷下走出来，“在这里光欣赏生活的美都欣赏不过来呢！”

他边擦手边说：“我们有 3 棵果实累累的桃树，卧室窗外还有一个蜂鸟窝，想想还没有我指头大的美丽的小鸟，看上去真像一只小企鹅。”

他开着发票，继续说：“黄昏时，长耳大野兔奔跑跳跃；月亮升起来时，小狼在山坡上成群出现。我从来没有看到有这么多野生动物在春天活动。”

斯蒂芬开车离开时，他向斯蒂芬喊道：“去欣赏吧！”

回家的路上，希普森这位可爱的老人的幸福秘诀一直回荡在斯蒂芬的脑际。是呀，尽管生活会给人带来种种烦恼，但主要的是，你要学会发现和欣赏生活中的美……

可见，一个人的好性格不是与生俱来的，是需要我们有意识地培养的，只要我们懂得引导自己从生活中发现美好的事物，调动起自己积极的心理意识，就会发现生活中其实有很多值得我们热爱的事物，慢慢地我们也会养成良好的性格。

我们完全可以运用自己的意志力量来做出正确的选择，养成乐观、快乐的性格，而不是消极、悲观的性格。乐观、豁达的性格有助于我们看到生活中光明的一面，即使在最黑暗的时候也能看到光明前景。

♡ 快乐是生活对有爱心的人的一份馈赠

一个人如果有爱心，生活对他也将会是慷慨的——他将在不断奋斗的人生历程中拥有源源不断的发自内心真正的快乐。

快乐不是由外界环境决定的，而是由你自己所决定的，取决于你对生活的态度。如果你等着快乐主动降临，或者碰巧发生，或者由别人带来，那你可能要等很长时间或一辈子也等不来，甚至还陷入愁眉苦恼中。

任何一天都有好与坏——没有哪一天、哪种环境是百分之百的"好"。但好与坏的环境中，我们都可以让自己快乐起来——这完全取决于我们以怎样的眼光看待这个世界。

事实上，我们对小事的烦恼、挫折、牢骚、不满、懊悔、不安的反应，在很大程度上出于习惯。我们做这种反应已经"练习"了很长时间，也就养成了一种习惯性反应。这种习惯性的不快乐反应大多起因于我们自以为有损于自尊心的某种事情。

一个司机无缘无故地向他人按喇叭，他人谈话时有人肆意插嘴，我们以为某人该来帮忙他却没有来，等等。还有，我们要乘的公共汽车来迟了，我们要打高尔夫球时下雨了，我们急着上飞机时交通阻塞了，等等。对此，我们的反应是愤怒、沮丧、自怜，换句话说：不高兴！

生活中经常出现不尽如人意的事，许多烦心的事情会把你搞得团团转。但如果养成快乐的习惯，也许事情就不会是这样了。

人人都在寻找快乐，但想快乐要先有一颗快乐的心。有的人却终其一生都活在痛苦之中，找不到快乐，这是因为他是坏情绪的奴隶，而不是自我情绪的主人。

相传，终南山上长着一种仙藤，凡是能得到它的人都能永远快乐。所以很多人都到山上去找。

一个愁容满面的年轻人也听说了这个传说，于是他也决定上山去找仙藤。年轻人来到终南山，找到了一个藤蔓缠绕的小屋，并看到一位老人在忙碌着。老人衣着简朴，看上去饱经沧桑，但是却满面喜色。

年轻人觉得好奇，于是走上前问道：“老先生，这藤条能使您快乐吗？”

“当然。”老人回答。

“那您能给我一些吗?”

“当然可以，不过快乐不能仅凭着这几根藤条，关键是要有快乐的根。”

“埋在泥里的根吗?”

“不，是埋在心里的根。”老人说。

看，快乐就在你的心里，它像山里的金矿一样，如果不去挖掘，就永远都得不到。所以当你沮丧失落的时候，要及时“清扫”淤积在心中的消极情绪，让快乐重新充满你的心，这样沮丧的阴霾就会被驱散了。社会确实复杂，很多人并不像我们期望的那样善良，但我们仍要以善良之心待他人，不让自己迷失了方向而找不到真正的快乐。

事实上，你的悲观失落的坏心情可能会使事情更糟，所以，即使在遇到艰难的条件和极其不利的环境时，我们也要设法让自己快乐一点、振作一点，即使不能做到完全的快乐——只要我们不在不幸之中再加上自怜、懊悔的情绪和于事无补的想法，尽量把事情往好的方面想就足够了。

一个人想真正地热爱生活，就要学会快乐，养成快乐的习惯，因为快乐的习惯会使人在很大程度上不受外在条件的支配。心理学家威廉·詹姆斯说："我们所谓的灾难很大程度上完全归结于人们对现象采取的态度，如果一个人从恐惧中转为乐观地奋斗，坏事就往往会变成令人鼓舞的好事。在我们尝试过避免灾难或未成功时，如果我们同意自己面对灾难，乐观地忍受它，它的毒刺也往往会脱落，变成一株美丽的花。"

是啊，如果我们想生活得更加愉快，心灵一定要美丽而鲜活！

♡ 爱自己，学会享受美好的生活

哲学家约翰·列农说过这样一句话很有启示意义的话：“生活是在我们忙于制订其他计划时所发生的一切。”是的，当我们忙于制订“其他计划”时，我们的孩子们在忙着成长，我们所爱的人在离去或死亡，我们的身体在走形，我们的梦想在逝去。简言之，你不留恋生活，生活也不会等着你。

如果天上的星辰只出现一次，那么每个人一定都会出去仰望，而且看过的人一定都会大谈这次经验的庄严和壮观。然而星星每晚都闪亮，所以我们好几个月都不会去抬头望一眼天空。

不会欣赏每日的生活是我们最大的悲哀。其实我们不必费心费力地四处寻找生活中的美，因为美是随处可见，藏于我们生活中的。

很多人总是生活在下一刻里。比如急着等周末来临、暑假来临、孩子长大、年老退休。但当他们真的老了，他们常后悔“从前的日子过得太快了”。

有人对现代生活做过这样一个贴切的比喻：“我们‘杀死’时间而享受着留下来的‘后遗症’。”的确，我们把时间花在了很多没有意义的追求过程中，把自己搞得紧张而疲惫，“杀死”了自己愉悦的休闲时光、“杀死”了慢慢享受生活种种乐趣的心情。

心理学家指出，现代人之所以不能拥有此刻的、美好的生活，是因为人们总是担心时间不够用，就像人们总是觉得钱不够用一样。其实对于人们来说，学会享受已经拥有的时间、金钱与爱是最重要的爱自己的方式之一。

可悲的是，我们中许多人总是在推迟我们的快乐——无限期地推迟。我们并非有意如此，但我们总在说服自己：“有朝一日我会快乐的。”但有朝一日是哪天呢？当我们完成学业，得到我们的第一份工作、第一次提升时，我们快乐。我们告诫自己，当我们结婚之后，有了一个孩子之后，生活将会更美好。有了孩子后，苦于孩子长得慢——但当他们长大了我们又苦于要去为他们忙于生计。我们会对自己说，如果我们的另一半表现出色，如果我们有辆更好的车，能够去欢度假期，如果我们退了休时，我们的生活会完美，那多好啊。然而，当我们满头银发、生命之水日渐枯萎时，还要为孩子看孩子，可能还有操不完的心……

心理学家阿尔弗雷德·D. 索亚说："长期以来，对我来说，生活似乎马上就要开始——真正的生活。但半途中总有障碍，先要被了结的某事、某个未完成的生意，仍需利用的时间、需要付清的账单，之后生活才将会开始。最后，我逐渐认识到，这些障碍正是我的生活。"阿尔弗雷德的话告诉我们，没有通向快乐的途径。快乐本身就是途径。

所以，我们一定要充分享受现在自己拥有的时间，学会放慢脚步，让生活更加从容些。因为，当你停止疲于奔命时，你会发现生命中未被发掘出来的美；当生活在欲求无止境的状态时，你无法体会到更快乐的生活。

因为我们总是在赶时间，没时间与朋友交往，结果我们就变得越来越孤独；因为忙碌，我们连身体有病的早期征兆都觉查不出来；当我们急着买东西时，没有时间倾听心中小小的声音："我们真的需要这个新东西吗?"

其实，享受生活的一个重要条件就是，你必须注意自己的所作所为，然后放慢脚步，因为匆忙会让我们出错。

享受生活会让我们更好地爱这个世界，爱自己，让人生充满活力。生活不会适应你，只有你去适应生活。生活不是说你喜欢它变成什么样，而是原本它是什么样子你都得适应。所以，要珍惜每一天，认真地生活，快乐地享受生活，这样，才能更多地领悟和享受到生活给予你的甜酸苦辣。

♡ 热爱生活，就要理智地去看待生活

生活，如果只有晴空丽日而没有阴雨笼罩，如果只有幸福而没有悲哀，如果只有欢乐而没有痛苦，可能吗?

一个理智、达观的人会懂得，对生活不要期望太高。生活是由悲伤和喜悦构成的，而喜悦也正是因为有了悲伤的衬托才越发显得珍贵和可爱的。生活的舞台上，不幸和幸运相行相随，使我们交替体味悲伤和快乐。

有这样一个故事：

玛丽莲·汉米尔顿曾担任过教师，后当上选美皇后，但目前是加州佛瑞斯诺市的成功商人。

她在29岁那年，有一次在旅行时不幸坠落悬崖，虽侥幸未死，但下肢以下全部瘫痪，从此，终身离不开轮椅。

玛丽莲本可以自怜自艾的；但是她没有，坐在轮椅上，她重新振作起来去寻找摆在她面前的诸多可行之路。她决心找到这场悲

剧背后的让自己命运重新出现转机的机会。

一天，她突然想到，当她坐上轮椅，她就一直觉得轮椅不舒服，于是她开始自行设计更好的轮椅。她和两位朋友开始谋划创新更加方便实用的智能型轮椅，方案设计出来后，他们马上开始制作新轮椅的样品。

后来，他们为自己的公司取名为“动作设计”公司。目前该公司入选为美国加州中小企业的楷模企业之一。

有一句谚语说得好：“我的心灵对我来说就是一个王国。”这句话适用于一个伟人，也同样适用于每一个平凡人。

生活是我们自己创造的，怨天尤人、悲号哀鸣是毫无用处的；人唯有对生活充满希望，保持愉快心态，不懈工作，永保热情，才会有真实的收获。反之，人就会永远生活在自己建造的围栏中，不能自由行动。

♡ 爱自己，就要有积极的自我评价

一个人要好好地爱自己，才会爱这个世界、爱别人。

心理学家认为，积极的自我评价对促进一个人的自爱尤为重要。为什么呢？因为自我评价决定了对生活、对自己、对周围人的态度，以及对生活方式的选择，对伴侣的选择，对朋友的选择；同时还决定了自我发展和学习的空间，行动和反应，对事业的追求……总而言之，自我评价深深地影响着自己和家庭成员的关系，和同事的关系，和周围人的关系。如果一个人总是热衷于从消极的方面评价自己，那么，就不会有改善不利环境的动力，因此，他总是处于被环境束缚的境地。所以，一个人要想好好生活在世界上，一定要对自己有积极的自我评价。

据美国心理学家们在任意一个大城市的抽样调查，那些贫民区的乞丐、精神病院里的慢性沮丧病患者、不可救药的吸毒者、监狱里的在押犯都明显有着很差的自我评价。正因为他们对自己采取了不自爱、不自重的生活态度，以及自甘堕落的方式，从而沦为社会最底层人员。

虽然在你每天遇到的人中要想判断出谁是爱自己的并不是件很容易的事情，但最难做到的事情仍是能否正确审视自己、了解自己。

为了讲述积极的自我评价是什么，我们先阐述一下什么不是积极的自我评价。

(1)以自己为中心。

实际上，那些只考虑自己、自私自利的人，你会发现，他们身边没有朋友，以自我为中心的人最极端的表现就是把自己孤立起来。

(2)蔑视其他人。

唯我独尊的狂妄感和自负心理其实也是一种自卑，这类人认为通过诋毁别人可以提升自己。

那么，什么是积极的自我评价呢?

(1)接受本来的自己。

著名喜剧演员菲力普·威尔逊由于成功地塑造了杰拉尔丁的形象而出名。杰拉尔丁总是这样说：“你看到什么你就会得到什么!”杰拉尔丁的这段话很有哲学意味，但这种态度对于一个人的发展来说很有益。

完全的、无条件地接受自己是树立积极、自信心态的第一步。我们所有的人都有自己不特别喜欢的某些特性——但是我们却无法改变。比如，我们认为，自己的鼻子太长，两只眼睛离得太近，个子太高或太矮，等等。

没有人十全十美，当你把注意力放在你的个性、你的身体、你的资质的优良等方面时，你就拥有了树立积极、自信心态的基础。然后在此基础上健康发展自己，完善不完美的地方。

(2)对待他人持一种友好的、不带成见的态度。

对消极的人来说，总是有一种对别人不信任、或者说是厌恶他人的感觉。而对积极的人来说，因为自己心胸坦荡，所以对待他人持友好、不带成见的态度。

(3)乐于承担风险。

成长和生活的过程中总是伴随着风险。龙虾为了生长，必须要褪了旧壳，才能长出新壳；一个人如果想要去发展，必须承担或大或小的风险。敢于承担责任，是积极的自我评价，对一个人自身的发展十分有益。

(4)认真地做好自己，找到一种积极的方式来表现你的个性。

古希腊故事中的普罗米修斯就像是一个非凡的魔术师，想变成谁就能变成谁。他变过很多不同的人，以至于最后，他忘记了自己是谁。最后他得出结论：“要想好好地爱自己，就只能认真地做自己！因为你不是别人，你做谁也不像；所以，你不做好自己，最后连你自己都不认识自己了。”

具有强烈的积极的自信心的人，都认真地做好自己，并对生活感到很满足，而不去管别人对自己的看法如何。

(5)自立、自强。

有些人总是热衷于抱怨，却从不愿意从自己主观方面去剖析问题，因此，他们总是处于听天由命的顾影自怜中。这种人其实是不懂得如何爱自己的可怜虫，他们在成年累月的抱怨哀叹声中消耗着珍贵的生命，心灵的快乐被那些叹气吞噬得无影无踪。

而对自己有正确评价的人在遇到了挫折、有了缺点，不去怪罪别人、环境和社会。他们会从自身找原因，思考采取什么样的方法解决问题、使事情出现转机。他们不会一味地去怨天尤人，而是竭尽自己的所能去发现和寻找解决问题的方法。他们自立自强地进取，而不靠天上掉馅饼，等着别人拉着自己前行。

总之，一个爱自己的人会对自己有积极的自我评价，因为，这是他人生强大的推进器，可以激发他潜能的出现，使他站得更高、看得更远，并发挥所长，获得自己想要的事物。

♡ 有爱心才会有激情

激情是有爱心的人最直观的外在体现，也是他们精神中最珍贵的财富之一，激情的潜在价值远远超过了金钱与权势。一个爱自己的人首先是热情洋溢的，他不管在什么环境中，总能坚定地相信自己是自然界创造的最伟大的奇迹，总对生活充满信心、对未来充满希望。

激情能摧毁偏见与敌意，摒弃懒惰，扫除障碍。一个人有了激情，就能无往不胜。为什么这么说呢?

美国的《管理世界》杂志曾进行过一项调查，他们采访了两组人，第一组是高水平的人事经理和高级管理人员，第二组是商业学校的毕业生。

他们询问这两组人，什么品质最能帮助一个人获得成功，两组人的共同回答是“激情”。

一位哲人指出：激情高于事业，就像火柴高于汽油。一桶再纯的汽油，如果没有一根小小的火柴将它点燃，无论它质量再怎么好也不会发出半点光，放出一丝热。而激情就像火柴，它能把人具备的多项能力和优势充分地发挥出来，给人的事业带来巨大的动力。

试想，一个没有激情的领导，整天无精打采，没有丝毫的朝气和活力；那么，他的下属也会因此而失去对工作的兴趣。而当大部分员工没了工作激情时，再能干的领导再怎么努力地去指挥，也终将于事无补，只能眼睁睁地看着自己的公司垮掉。

所以，要成就一项伟大的事业，必须具有伟大的原动力——激情。激情，就是像发电机一般能使电灯发光、使机器运转的一种能量，它能驱动人、引导人奔向光明的前程，能激励人、鼓励人去唤醒沉睡的潜能、才干和活力，它是一股朝着目标前进的动力，也是从心灵内部迸发出来的一种力量。

任何人都会拥有激情，所不同的是，有的人激情只能维持30分钟，有的人激情能够保持30天，但是一个成功的人，却能让激情持续若干年，直至生命逝去。

我们要做一个有激情的人，永保旺盛的精力，无论处于何种境遇，都能将激情发挥至淋漓尽透，直至外化为行动。

爱世界的人，才会有事业心

♡ 热爱工作，要有积极的态度

在日常的工作中，什么样的态度最让我们受益？当然是充满热情地对待工作的态度。看吧，那些热爱工作的人，在工作中潇洒地演奏着自己的旋律，挥洒着生命的精彩，他们爱这个世界，也爱自己，更爱工作。

美国畅销书《向你挑战》的作者丹佛在他的书中有这样的描述：工作是一场比足球或篮球赛更重大的比赛，但是它也遵循着相同的规则——如果你保持旺盛的精力，使自己充满活力和热情，认真地对待工作，你就会成为教练在必须赢球时所选中的人。但如果你不遵循这些规则，那么教练将会把你从比赛中拉出，换一个更适合的人选来顶替你的位置。

一个人不管想做什么事，没有积极的态度就不会有全身心投入的责任心，更不会有全力以赴的奋斗精神；反过来，有了好态度，才能让一个人全身心地投入到他的工作之中，他才会对工作高度负责、一丝不苟、精益求精，从而把工作完成、做好。很难想象，一个对工作漠不关心、提不起工作兴趣的人对其他事还能有多大的激情和责任心。

一个人的人生理想贯穿于他的整个生命，而他在工作时所表现出的状态，使他区别于周围的人；他对工作的态度，体现了他的精神面貌；他在工作中学到的知识，可以使他思路更宽广，见识更渊博，也有可能使他所从事的职业因为他充满热情的投入而变得更高尚。所有这些都说明把热情蕴含在工作之中对人生具有十分远大的意义。所以，如果你是个热爱工作的人，就理应对你的工作投入百分之百的热情。

你是个建筑工程师吗？你是否在工程设计时感受到了你所从事职业的庄严与神圣，在施工现场的混凝土与砂浆之间感受到了热火朝天的激情？你是从事图书管理工作的吗？你会通过辛勤的工作，在整理书籍的间隙，感受到自己正身处知识的海洋，你所从事的工作对读者们有非凡的意义吗？你是学校的教师吗？虽然被每天繁重的教学工作压得喘不过气来，但每当为自己的学生答疑解惑时，你会觉得开心快乐，想象着有一天桃李满天下，把毕业的精力奉献给这个高尚的职业中的骄傲吗？

假如只从他人的角度来看待我们的职业，抑或仅用世俗的标准来权衡我们的职业，我们的工作可能不见得比别人好，我们在工作中的劳动也许真的是缺乏吸引力、毫无乐趣、单调乏味的，我们目前的努力付出似乎也看不到任何意义，没有一点价值可言。然而社会中许多工作可能都是如此，但我们仍不能说没有一点意义。这就如同人们从外面观察一个大教堂的窗户，这个大教堂的窗子上落满了灰尘，黯淡无光，光华不在，但是，只要进到教堂里，我们立刻就可以发现窗户上画有精美绚丽的图画、清晰的线条勾勒出的神奇画面，还有装饰华丽、巧夺天工的窗棂。阳光透过玻璃在闪烁跳跃，造就了一幅幅美丽灵动的图画。

很多事物需换角度看，因为人们对待问题的看法是有局限性的，我们只有深入内部才能观察到事物本质，看清事物实际的本相。

有些工作只从表面上看似乎索然无味，但只要你足够热爱它，把你的身心扑进去，你可能感受到其非凡的价值和伟大的意义。所以，热爱工作，应该从自己工作的价值、劳动的意义去理解自己所从事的工作，将自己的工作看作是为社会添砖加瓦的工作，人若有了这种工作的心态，心灵会更充实，精神会更快乐，会生活在每天工作的愉悦中。

♡ 不要轻视自己的工作

不要轻视我们所从事的每一项工作，即便是最不起眼的工作，也应该尽职尽责、全力以赴地去完成。

人生没有一步登天的奇迹，只有一步一个脚印地努力向前走，从最基层的工作干起，才能学到对你日后事业发展最有用的本领和技能。

但是，有些人认为自己所从事的工作是低下的、卑微的，他们做着这份工作，却从自己内心深处不喜欢它，甚至轻视它，只是迫于生计而工作。他们瞧不起自己所从事的工作，也就不可能对工作花费全部心思。他们在工作中敷衍搪塞、潦草行事，将大部分心思花在怎样才能摆脱现在的工作状况上。由于看不起自己的工作，所以他们倍感工作辛苦、无聊，工作当然也不可能做好。这样的人与其说是不能正确认识到工作的价值，还不如说是不懂得尊重自己，因为，他们对工作的态度势必让他们在哪个职业上都不会有所作为的。

三百六十行，行行出状元，工作只有行业、职业之分，没有性质上高低贵贱的标准。当今，社会分工日益细化，社会上每个微不足道的职业都必须有人负责任地去做，才能保证社会的正常功能按部就班地运行。所以说，只要是正当合法的职业，都会得到人们的尊重；每个为工作奉献了热情和责任心的劳动者，都是光荣的，也会得到别人的敬佩。只要你尽职尽责地对待工作，为社会创造价值，谁也不敢否认你劳动的价值，谁也不能轻视你的存在？因此，一个人是否尊重自己，从他怎样看待自己的工作也能略知一二。

很多人好高骛远，不脚踏实地、不好好把手头的工作做好，很多人对工作漫不经心、推卸责任，不愿意努力上进，奋力改善自己的生存状况，而总是固执地自认为自己在某些方面比别人更有天赋，更有光明前途；上述这些人对工作不以为然，藐视工作，自认为应该工作得更轻松，却连自己都不知道究竟什么样的工作更适合自己。这些瞧不上自己工作的人，是现实中不折不扣的不负责者，他们的工作不会做好，生活也不会过得很好。

人生有限，绝不能辜负了自己有限的生命。一个人要想为社会做有益的工作，就要重视自己的工作，对工作真正负起责任，这样才能实现自己的价值。

♡ 钟爱自己的事业

有一位心理学家做过一个调查，他问了175名职业棋手、舞蹈家和运动员，为什么能陶醉在自己的事业中——是因为可以得到名利还是因为想实现什么目的?

出乎意料，这些人的答案几乎全都是——为了自己钟爱的事业。这些人全力以赴实现自己的人生之梦，他们在向心中的目标努力的过程中并没有先想得到名利和地位，他们在全心全意地对所从事事业的追求中得到的是快乐和满足。

最近，有关医学界的研究又发现，如果一个乐于为自己工作奉献的人，就会在面对工作中的压力时坦然接受挑战，全力以赴地集中精力解决问题。这同样能让一个人保持充沛的精力和良好的精神状态，这种精神力和状态和运动一样有益健康。

为此，有人会提出疑问："是不是只有少数人能陶醉在工作中，因为，有的人工作非常辛苦，而且收获有限。"

举例来说，同样砌砖墙，有的人默默埋头苦干，觉得工作很无聊，但还是认命地做下去；有的人一面砌，一面想象这座墙砌成后的面貌，上面也许会爬满玫瑰花，孩子们也许会攀在墙头看风景等，他努力砌墙的同时，眼睛已经看到努力的成果了。

而前一个砌墙人虽然卖力，却只是为砌墙而砌墙，生活对他而言是一种“苦刑”。后者却能陶醉在工作中，同时他很可能一面工作，一面思考改善自己工作环境，他的技术会不断进步，工作不仅不让他觉得无聊，还让他有机会成为这一行的高手。

从工作角度考察，世上有几种人：一种是认为活着就是为过日子，至于为什么要过日子，他们不去理解，不去追究。

还有一些人，他们认为自己是燃料，有发出光和热的可能性，但是，他们不是火种。他们只是木柴或煤块，需要有火柴或打火机把他们点燃，然后，他们才可以生热发光，燃烧，产生力量。

人们对工作的态度为什么会有这样的差别呢，造成这种差别的原因在哪里呢？

“火种”是引爆成功的关键。人找到火种，才可以燃烧；找不到火种，永远只是一堆冷硬的木柴或煤块。

“火种”并不难得，它们可能是一部名人传记，一本有启发性的书，一部电影，一个朋友的几句话，一位好老师的指引，一次与上司愉快的沟通，工作中一些意外的经历和收获……

“火种”可能意外来临，也可能外人带来，但多数时间，需要我们自己去寻找。

每个人都在用自己的方式生活，有的人等着幸运之神的召唤，自己缺乏热情；有的人承担着大任，但持续力不够；有的人希望生活中有一两件刺激的事就够了；还有人则喜欢无限的挑战困难……

每个人都可以成为生活的艺术家。活出生命的意义就是找出自己爱做的事，然后全力以赴地去实现心中的梦想。在这个过程中，不管你是否能得到金钱上的回报或物质上的补偿，你都应该充满热情地坚持到底，这才是最让你受益的生活。

找到自己专注的事业，然后全力以赴地投入其中，长此以往，你一定会有所收获，而幸运也会如潮水一样向你涌来。

♡ 尽职尽责地工作

工作需要加倍地尽职尽责。

《钻石宝地》一书的作者拉塞尔·H. 康维尔说："无论一个人的职位多么卑微，只要他尽了全部职责，他就与现任总统有同样的资格获得美国人民给予的荣誉。"

是的，一个人不论是在当搬运工还是在经营大公司，如果都能把自己的工作当作一项神圣的使命，不论工作条件有多么困难或需要多么艰难的过程，他始终会用积极负责的态度去履行责任，不管结果如何，他都是人生的赢家。因为这个过程能带给他巨大的精神满足，让他活得精彩。

在这个世界上，每一个人都有不同的角色，每种角色都有不同的作用，但有一些人在工作中往往缺乏责任心，他们对工作是这样的一种心态：自己不是领导者，所以没有必要对工作竭尽全力，因而他们只做与自己所得薪水相称的那些工作，甚至连自己分内的事也做不好。这样一种心态定位，使他们在工作中得过且过，而不想多干一点额外的工作，被动地应付上司分派下来的工作。结果几年过后，他们除了依然还拿着当初的那点薪水，仍然毫无所获，甚至连自己的那份工作和薪水也保不住。

缺乏责任心的态度是害人的。相反，如果你以老板的心态来工作，那么，你就会以高度的责任心来对待你的这份工作，确定这份工作在整个工作链中处于什么环节，从中找到做好自己分内工作的最佳方法，尽量把工作做得圆满，出色。以这种心态进行工作，你就不会拒绝上司指派的、不属于你工作范围内的多余的事，你会认为多做是表现自己工作能力、锻炼自己的好机会。有了这样的心态，你就会在工作中一步步成长，也会因工作做得出色而使薪水得到提升。即便暂时你没有得到提升，你也会为将来自己的前途和准备创业打下基础，准备好条件。

事实证明，责任感对一个人一生具有重要的影响，勇于负责是一个人事业成功的关键。其实，工作中充满了各种各样的机会，只要你以勇于负责的态度对待它，竭尽全力，它就会带给你意想不到的丰厚回报。

更为重要的是，勇于负责还能够让一个人具有最佳的精神状态，精力旺盛地投入工作。如果一个人在工作中失去了责任感，那么，他就会感到工作对自己的束缚，感到所做的工作只有劳碌和辛苦，没有任何趣味可言，更不会有什么伟大的成就。

没有责任感的人容易养成轻视工作、敷衍了事的坏习惯，他们常常会对自己说："做这种乏味平凡的工作，有什么希望呢？这种工作根本不值得我全力以赴。"于是对工作轻率、拖拉、逃避、马马虎虎，最终，失去了许多工作中学习和发展自己能力的机会。所以说，对工作负责就是对自己负责。

勇于负责是一个人的美德，也是一个人取得成就的前提。有责任感的人能够坦然地面对逆境，能够在各种各样的诱惑面前把持住自己，能够真正拥有正直自爱之心。

持久而良好的职责观念是每个人应具备的最起码的品德，也是一个人的最高荣誉。没有持久的职责观念，人们就会在逆境中倒下去，在各种各样的引诱面前把握不住自己；而一旦一个人真正具有了牢固而持久的职责观念，最软弱的人也会变得坚强，甚至在逆境中会勇气倍增，在引诱面前不为所动。有位哲学家说："职责是把整个道德大厦连接起来的黏合剂；如果没有职责这种黏合剂，人们的能力、善良之心、智慧、正直之心、自爱之心和追求幸福之心都难以持久；同时，人类的生存结构就会土崩瓦解，人们就只能无可奈何地站在一片废墟之中，独自哀叹。"

职责感根源于人们的正义感——这种正义感源于人类的自爱精神，人之自爱之情乃是一切善良和仁慈之本。职责并非人们的一种思想感情，而是人的生命的主导原则，这一原则贯穿在人的全部行为和活动之中，受制于道德良心和自己的意志。

一个人的道德良心也体现在他是否能尽心尽力地履行好自己的职责的过程中。人只有在强烈的责任心驱使下，其崇高而正直的品德才能发扬光大，才能在社会中、家庭中、工作中尽自己应尽的责任。

没有责任心的驱使，人的正能量就不会充分发挥作用。任何选择都是出于意识上的，如果一个人的职责观念很强，就会在责任心的驱使下促使他沿着既定的目标勇往直前，百折不挠地去达成目的。即使最终失败了，也可以因为自己尽了职责而问心无愧。

人真正的快乐来源于对责任的履行。一个充满责任心的人，是一个敢于承担责任的人，这会使他的生命更有力量，使他的人生更加充实和丰富。

责任是一种动力、一种希望，它能为我们创造更加幸福美好的快乐人生。所以，我们每个人都必须有尽职尽责的意识，在自己人生的职责、事业的职责上高度负责。

♡ 学习是一辈子的事

一个人只有坚持不断地学习，才能让心灵之水永不枯竭，才能对生活保持旺盛的热情和活力。

善于学习，能让自己的生命之树常青，心灵的泉水源远流长，不管岁月的风霜如何侵蚀容颜，内心如孩童般地保持着对世界的热爱和新奇。

有些人经过奋斗，拿到了高学历、匆匆忙忙找好工作、投身到社会的大舞台后，就不再重视学习了。他们目空一切，自认为自己已经是学富五车的渊博之士了，再也不愿意沉下心来钻研点新技术，学习点新本领。还有人以为，学习只是青少年时代的事情，只有学校才是学习的正规场所，自己工作已经非常忙了，没有时间也没有精力再去学习，工作能力和学习无关。这些想法其实都是不对的。

当今社会，知识更新、科技发展、政策形势日新月异，无论生活在哪种环境，不论从事哪一职业，无论你年龄、性别、受过的教育如何，都需要不断地从生活和工作中学习，才能跟上时代的步伐。因为一个人如果想体会到生活中更多的美好，体会到成功中的更多喜悦，单凭学校里学到的东西是远远不够的。工作中、生活中需要相当多的新知识和新技能，这些课本上都没有，学校里老师也没有教给我们，这些知识完全要靠我们在实践中通过后天的学习得到补充。

所以说，如果我们不保持学习的激情和上进心，就无法获得生活和工作中所需要的知识和经验，也无法适应时代的飞速发展，更不能领略到世界的精彩和美好。

在高科技飞速发展的今天，我们被快节奏的生活和科技的日新月异不由自主地推动着向前走，同时，还要以更大的热情接受新事物，人只有如饥似渴地学习，才能了解更多的新鲜事物、接触更广泛的信息，充实自己的心灵、提高自己的修养，使自己的思想丰富和深刻起来，不断提高自己的整体素质，以更饱满的精神状态享受现代文明和科技进步给我们带来的愉悦，进而更快乐地生活和工作，活出生命的价值和意义。

不可否认，不同的人会因接受不同的教育而学历不同，文化程度也会各异，但事实证明，人只要懂得持续学习，在日积月累中才会积累起足够的知识，促使自己的后劲更足。而善于学习的人，不仅能扩大视野、获取知识、得到智慧，还可以让自己变得更美好和更优秀。

大凡杰出的人，都是终身孜孜不倦追求知识的人。他们在漫长的人生经历中，即使再忙、再累、再苦，也不放弃对知识的渴求，学习既是获取知识的途径，又是他们在逆境中的精神支柱。在他们看来，知识是没有止境的，学习也应该是没有止境的，学习能使自己的思想、心理和精神永远年轻，也使事业更上一层楼。

在纽约市戴尔·卡耐基学院有一位学员名叫埃德，他是一位十分杰出的推销员。他的年收入超过7.5万美元，相当于在今天经济条件下的12万美元。在记者采访他为什么会有如此成就时，埃德讲了这样一个小故事：

当我还是一个小男孩的时候，有一次我的爸爸带我参观了我们家的菜园。爸爸可以说是当时我们那个地区最好的园丁，他在园子里辛勤耕作，并热爱它，以自己的成果为荣。当我们参观完之后，爸爸问我从中学到了什么？

我当时说："爸爸显然对这个园子下了很大一番功夫。"对这个回答爸爸笑了，他对我说："儿子，我希望你能够观察到当这些蔬菜还绿着时，它们还在生长；而一旦它们成熟了，就会开始腐烂。"

这个故事让我受到很大的启示，那就是在人生的奔跑中，一个人要想让自己的生命永远有鲜活的能量，就应当保持学习的热情，不断地吸取能够使自己继续成长的知识来充实头脑和心灵，这样才能让自己成为最有生命力、枝繁叶茂的长青之树，此后，我在工作中学习永不止步，在工作上永远争第一。

让我们珍惜每天的时光，为自己补充点新东西吧，无论是时事新闻、小常识，或是一些有益的新知识、新技能、新本领，不管是什么，不要让自己头脑和心灵空空如也，多给它们补充有益的知识，会让自己活得青春、亮丽，快乐、充实。